JN251179

「スマホ」時代の
コンピュータ活用術

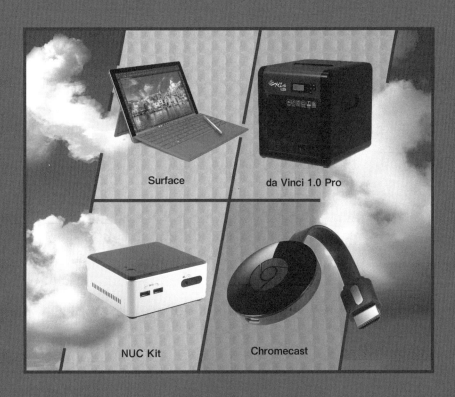

Surface

da Vinci 1.0 Pro

NUC Kit

Chromecast

はじめに

　「スマホ」や「タブレット」が世の中に出てきてから、「PC」を取り巻く環境は劇的に変化しています。

　「動画の視聴」や「ネットブラウジング」など、今までは「PC」でしかできなかったことが、「スマホ」や「タブレット」で手軽にできるようになりました。
　さらに、「ストレージ」や「オフィス・ソフト」などは、ネット上の「クラウド・アプリ」が利用できるようになり、「省電力」「省スペース」な周辺機器も次々と発売されています。

　一方、「PC」のほうも、「4K解像度」や「3Dメモリ」のような最新鋭の技術の開発や、「超低価格PC」「スティック型PC」といった、用途に応じて使い分けることができる新しいカテゴリの製品が発売されています。

　「スマホ」「タブレット」「PC」には、それぞれ得手不得手があり、用途や目的に応じて、これらの機器を使い分けることが重要だと言えるでしょう。

＊

　本書では、「性能」「価格」「使い勝手」の面から、「スマホ」「タブレット」、そして「PC」を賢く使うためのポイントを詳しく解説しています。

　この本で身に着けた知識が、これからの「PC」を使っていく上での、ひとつの指標となれば幸いです。

I/O編集部

※本書は、月刊「I/O」に掲載された記事を再構成し、加筆修正したものです。

「スマホ」時代のコンピュータ活用術

CONTENTS

第**1**章

現在使われているPCパーツ

最近のPCに搭載されている技術や、これから導入予定の技術をチェックし、現状のPCにはどのようなものが使われているのか見ていきましょう。

1-1 「スマホ」「タブレット」のPC化

■ パソコンと言えば「ノートPC」の時代

● 出荷台数の大半を占める「ノートPC」

　PCのトレンドは時代によって移り変わってきましたが、ここ10年以上、PCの主役と言えば「ノートPC」の時代でした。

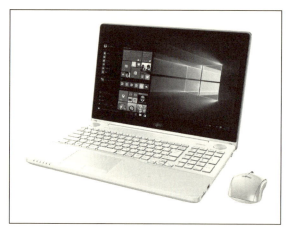

「LIFEBOOK AH77/W」(富士通)
ノートPCがPCの主役に。

　国内のメーカー製PC出荷台数を「ノートPC」と「デスクトップPC」で大雑把に分類すると、「ノートPC」の比率は70%以上に上るとされており、いかに「ノートPC」一辺倒となっているかが伺えます。

　さらに言えば、「デスクトップPC」は"法人需要"が多くを占めていると見られており、個人ユーザーが新規に「デスクトップPC」を導入する機会は、ほとんどなくなっているのかもしれません。

　※ただ、「デスクトップPC」を求めるユーザーの多くは、高性能な「自作」や「ショップBTO」を導入するため、このような統計には反映されにくい面もある。

CPUなどの最新パーツの開発傾向にしても「小型」「省電力」といった
ワードが真っ先に飛び交い、ワットパフォーマンスという消費電力当たり
の性能が重要視されるようになりました。

このように、業界全体で「ノートPC」を含むモバイル環境をベースとした
指標作りが基本となっているのが、近年のトレンドと言えるでしょう。

●「スマホ」や「タブレット」の台頭がこの状況を作った?

このような状況になった理由としては、これまでサブ的なカテゴリとし
て見られていた「スマホ」や「タブレット」の普及や高性能化によって、「パ
ソコン」のシェアを侵食してきたことが考えられます。

「Nexus 6P」「Nexus 5X」(グーグル)
最新フラグシップモデル。

「スマホ」や「タブレット」の普及と高性能化によってユーザー体験は格
段に広がり、同時にクラウド中心のアプリケーションが広まったことで「パ
ソコン」に頼らなくても、たいていのことはこなせる時代になってきました。

　このようにして「超小型モバイル」がコンピューティングの中心になってくると、以前のように「モバイルはデスクトップのお下がり技術」ですませるわけにはいきません。

　IT企業はこぞって一線級の「モバイル」で通用する技術開発に勤しみます。

　結果として、「ノートPC」はもちろん「デスクトップPC」でさえも、より小型、薄型へと進化し、さらに一層ワットパフォーマンスが追及される時代へと移り変わっていったのです。

●「絶対的なパフォーマンスアップ」が難しくなったという見方も

　業界全体が「省電力」の流れに舵を切ったもう1つの理由として、絶対的なパフォーマンスアップを続けることが難しくなったからではないか、という見方もあります。

　半導体トップのインテル製「CPU」で考えてみても、世代を重ねるごとのパフォーマンスアップについては、物足りないと述べる人が少なくありません。

　省電力性や内蔵「GPU」の性能向上はあるものの、絶対的なパフォーマンスを望むユーザーにとっては、あくまでもオマケ要素でしかないからです。

　これはパフォーマンスアップの要である「動作クロック」や「命令実行効率」の向上が困難になってきたからにほかありません。

　また、マルチコアによる並列化での性能向上も図ってきましたが、この恩恵を受けるのは、特定のシチュエーションに限られます。

　したがって、新世代「CPU」のアピールポイントが「省電力」やワットパフォーマンスに傾いてしまうのです。

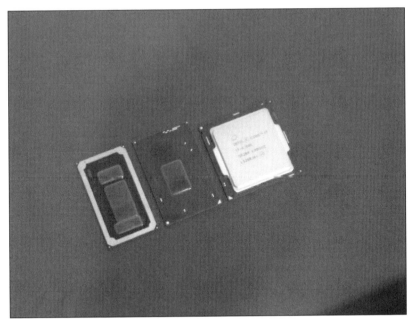

最新世代の「Core iプロセッサ (Skylake)」
内蔵GPUは格段に性能が向上している。

*

　一方で、「パソコン」のパフォーマンスを決定付けるもう1つの重要パーツ
である「GPU」については、少し様相が違います。

　「GPU」は演算ユニット並列化によるパフォーマンスアップの恩恵が大
きいため、「プロセス縮小化」や「省電力化」によって得られた余裕を演算ユ
ニットの増加につぎ込み、絶対的なパフォーマンスを向上させてきました。

　また、「GPU」はメモリ性能がモノを云う分野でもあり、次々と高速な新世
代メモリが登場している点も、「GPU」のパフォーマンスアップに寄与して
います。

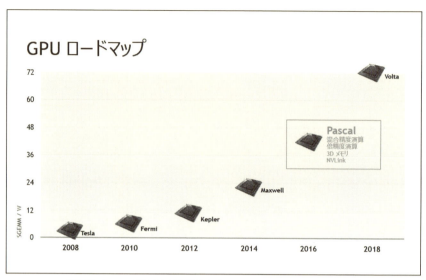

「GTC Japan 2015」で発表されたNVIDIAのGPUロードマップ
最新アーキテクチャの「Pascal」は従来「Maxwell」の2倍のワット
パフォーマンスをもち、ピーク時で10倍高速だとされている。

　「CPU」の絶対的なパフォーマンスアップには、何らかのブレークスルーが必要そうですが、絶対的な性能を求めるユーザーにとって、「GPU」は引き続き魅力的な分野であり続けるようです。

■「ノートPC」と「高性能タブレット」の競合

●「ノートPC」と「タブレット」の境界が曖昧に

　さて、話は少し前後しますが、「ノートPC」について、特に「ノートPC」と「タブレット」の関係について、最近の事情を考えてみましょう。

＊

　近年、「ノートPC」はより小さく薄くなり、「タブレット」はより高性能になり、その境界が曖昧になってきました。

　「タッチパネル」と「キーボード着脱機構」を備えた「2in1 PC」、いわゆる「タブレットPC」と呼ばれる、「タブレット」と「パソコン」の両方の機能を兼ね備えた「ハイブリッド・ノートPC」も、多く登場して人気を集めています。

そのため、本来用途が異なるはずの「ノートPC」と「タブレット」で、「どちらを買えばいいのだろうか?」と迷うユーザーも出てきました。

● 曖昧な境界上に君臨する「高性能マシン」

そんな曖昧になった「ノートPC」と「タブレット」の境界上に、その両用途で高いパフォーマンスを見せてくれそうな高性能マシンが登場しています。

それが、マイクロソフトの「Surface Book」とアップルの「iPad Pro」です。

「Surface Book」は、「ノートPC」側から「タブレット」へと歩み寄ったスタイルの「プレミアムなタブレットPC」、「iPad Pro」は従来の「iPad」の画面を純粋に大きくし、さまざまな用途で快適に使えることをコンセプトとした製品です。

「Surface Book」(マイクロソフト)
高性能なタブレットPC。

「iPad Pro」（アップル）
「iOS」の資産を大画面で活かせる。

　いずれの機種も高性能な「CPU/GPU」を搭載し、13インチ前後で「260ppi」を超える超高密度ディスプレイを搭載、筆圧対応の「スタイラス・ペン」など、ハード仕様的にもかなり似通っています。

　「Surface Book」に至ってはオプションとして、ディスクリートの「NVIDIA GPU」も用意されており、標準的な「ノートPC」の性能を軽く凌駕するスペックと言えるでしょう。

　今後、「タブレットPC」にこのようなフラッグシップ的な機種が揃ってくると、「ノートPC」の勢力図も大きく変わり、「タブレットPC」が「ノートPC」の主流となる時代がくるのかもしれません。

■　それでも重要な「パソコン」

● 用途に違いがある

　このように「スマホ」や「タブレット」が台頭し、「パソコン」と性能に遜色ない「タブレット」が登場したとしても、現在のところ「パソコン」と「タブレット」では、できることが違う部分も多々あり、一方が一方を食い尽くすということにはなりません。

　特に、「パソコン」と「タブレット」という形式の違いよりも、搭載OSの違いが大きく、「Windows」「Mac OS X」の「パソコン」側と、「Android」「iOS」の「スマホ/タブレット」側では、アプリケーションの違いも顕著です。

　「オフィス・ソフト」のような重要アプリは全プラットフォーム上で提供されるようになりましたが、クリエイティブ系のツールなどはまだパソコン側に一日の長があります。

　「iPad Pro」はきれい大画面で、専用の「オプション・キーボード」を装着すれば「ノートPC」の代わりになるのではと思われがちですが、そこはどこまで行っても「iPad」であり、「MacBook」にはならないのです。

　そう考えると、「デスクトップ・アプリ」がそのまま動く「Windows 10」搭載の「タブレットPC」などでは、普段は「パソコン」スタイルで作業をこなし、簡単な「ネット閲覧」や「メッセンジャー・アプリ」は、「タブレット」スタイルでこなす、といった良い折衷案と言えるのかもしれません。

　少なくとも現時点では「パソコン側」「タブレット側」に用意されているアプリによって得手不得手があるため、用途によって使い分けていく必要があるでしょう。

「iPad」は、どんなに頑張っても「MacBook」にはならない

● 最新技術は「パソコン」から

　昨今は「スマホ/タブレット向け」の最新技術開発も盛んだと前述しましたが、それでもハイパフォーマンス分野は「パソコン」から登場するのが基本です。

　「超高速グラフィック」「大容量高速ストレージ」「大容量メモリ」を必要とする「大規模アプリケーション」など、最新のゲームを始めとする大掛かりなユーザー体験は、「パソコン」、特に「デスクトップPC」でなければ始まりません。

　「スマホ」や「タブレット」の勢いに押され、あるいは風前の灯のように"もう必要ない"とも語られる「パソコン」ですが、まだまだ「スマホ」や「タブレット」ではカバーできない用途が数多くあるのです。

　ただ、「パソコン」の出荷台数がかなり減少しているのも、本当のところです。
　IDC Japanの発表によると、2015年度第2四半期の国内パソコン出荷台数は前年同期比36%減で、1999年水準にまで落ち込んだとのことです。

　2014年度の「Windows XP」サポート終了特需の反動だったとしてもひどい落ち込みで、第3四半期でも前年比21.9%減と、あまり回復に至っていません。

　「コンピュータ」を「コミュニケーション・ツール」としてのみ利用する層にとっては、「パソコン」がもう必要ないというのも事実のようです。

●「ディスプレイ」の性能がますます重要に

　昨今の「パソコン周辺機器」で大きな変革が起きようとしているものとして「ディスプレイ」が挙げられます。

＊

　長年「フルHD解像度」が主流の「ディスプレイ」ですが、ここ1〜2年で低価格な「4Kディスプレイ」が続々登場し、普及の兆しが見えかけてきている

のです。

　前述した「Surface Book」など、「タブレット」に3,000ピクセル級の「ディスプレイ」が搭載される時代ですから、「デスクトップPC」にもより高解像度が求められて当然でしょう。

　「フルHD」でマルチディスプレイを組むよりも、「4K」のディスプレイ1枚のほうが快適という報告も多数あり、価格も50,000円台と手頃感を増した「4Kディスプレイ」は、今後は最も伸びる周辺機器となるかもしれません。

「27MU67-B」(LGエレクトロニクス)
5万円台で購入できる4Kディスプレイ。

1-2 いろいろな場面で使われる「GPU」

■「スーパーコンピュータ」に使われるGPU

　PCの「グラフィックスボード」などに搭載される画像処理プロセッサ、「GPU」(Graphics Processing Unit)は、主に3Dゲームの描画処理を目的として、コンシューマ市場で進化を続けてきました。

　しかし、「GPU」が扱っているデータは、「ポリゴンの頂点情報」や「テクスチャのピクセル情報」だからといっても、あくまでも「数値」であり、その演算能力を他のデータ処理に活用することは難しくありません。

　そこで、「GPU」で汎用演算をしようという取り組み、「GPUコンピューティング」(GPGPU：General-Purpose GPU)が、2000年あたりから始まりました。

　また、「GPU」の主要メーカーであるNVIDIA社が、自社のGPUに対して、「GPGPU」用の統合開発環境である「CUDA」(Compute Unified Device Architecture)をリリースしたことによって、「GPGPU」のハードルは大きく下がりました。

CUDA
(http://www.nvidia.co.jp/object/cuda-jp.html)

　さらに、特定のGPUだけでなく、AMD社やインテル社のGPUも利用できる汎用演算環境の標準化として策定された「OpenCL」も正式にリリースされ、より「GPUコンピューティング」が普及する環境が整ってきています。

OpenCL
（https://www.khronos.org/opencl/）

＊

　「GPGPU」の実例として有名なものは、東京工業大学の開発したスーパーコンピュータ「TSUBAME」が挙げられます。

　680枚のNVIDIA製GPU「Tesla」（GeForce GTX280）で構成された「TSUBAME 1.2」は、市販品の「GPU」を使った最初の「スーパーコンピュータ」として注目を集めました。

　「TSUBAME」はその後バージョンアップを重ねて、現在の最新バージョンは、「KFC」（Kepler Fluid Cooling）と呼ばれ、システムを特殊な油性冷却溶媒液に浸して冷却することで、電力あたりの演算性能を向上させる取り組みが行なわれています。

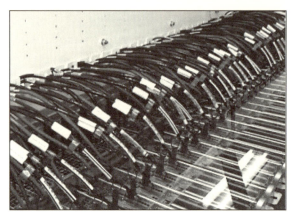

「TSUBAME」の最新バージョンは「KFC」

　また「KFC」は、今年の年末に向けて稼働を準備する「TSUBAME 3.0」の
テストベッドシステムにもなっています。

■　GPU関連技術のイベント

　GPU関連技術の最新情報を提供する開発者向けイベントも開催されてい
ます。

　そのひとつである「GTC Japan 2015」では、NVIDIAとHPC開発での
パートナーであるIBMによって、複数の「スーパーコンピュータ」開発の取
り組みが紹介されました。

「GTC Japan」は、東京工業大学GPUコンピューティング研究会とNVIDIAが共催
(http://www.gputechconf.jp/page/home.html)

　アメリカのオークリッジ国立研究所向けのスーパーコンピュータ「Summit」(サミット)と、ローレンスリバーモア国立研究所向けのスーパーコンピュータ「Sierra」(シェラ)は、ともにIBMの「POWERアーキテクチャCPU」と、NVIDIAの「GPU」を混載したシステムです。

　いずれのシステムも、ハードにはIBMの次々世代CPUである「POWER9」と、NVIDIAの次々世代GPUである「Volta」、超高速インターコネクト「NVLink」を搭載する予定です。

＊

　「NVLink」は、CPUとGPUの間、および、GPUとGPUの間を接続するインターコネクト技術です。

　超高速インターコネクト技術「NVLink」によって、GPU「Pascal」とCPU「POWER8+」を組み合わせたシステムが近々登場予定となっており、当初の「NVLink」のバンド幅は、「PCI Express 3.0」の5倍(80GB/sec)に達するようです。

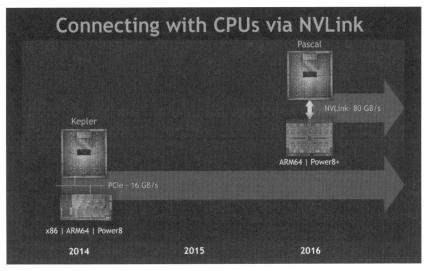

「80GB/sec」を実現

　また、将来的には「NVLink」のバンド幅を、「200GB/sec」にまで拡張する計画になっています。

■　クレジットカード大の「機械学習向けGPU」も

　NVIDIAが手掛けるGPUソリューションとして、「Jetson TX1」も注目を集めるデバイスのひとつです。

「Jetson TX1」はクレジットカード大

　「Jetson TX1」はクレジットカード大で、機械学習による、自律型のデバイスの頭脳となるべく設計されています。

　わずか10ワットの消費電力で、「1T FLOPS」の性能を発揮するとされており、自律的に動作する「ドローン」や「ロボット」などへの活用できるとのことです。

ドローンに搭載する「小型コンピュータ」などでの実装が期待されている

　グーグルの開発する「自動運転カー」のAIにも採用されるなど、注目を集めている機械学習アルゴリズム「ディープ・ラーニング」ですが、この「Jetson TX1」も、そうした新しいアルゴリズムを使ったAIの実装をターゲットにしています。

グーグルの「自動運転カー」には、「ディープ・ラーニング」が活用されている

■　インテルも「GPUコンピューティング」を志向

　GPUメーカーというと、AMDとNVIDIAの2大メーカーをついつい思い浮かべてしまいますが、GPU内蔵のプロセッサを主力としてリリースするインテルも、一大GPUメーカーのひとつです。

＊

　インテルの最新アーキテクチャは、「Core」の第6世代となる「Skylake」（スカイレイク）です。

Skylakeアーキテクチャ

　この「Skylake」のGPUは、GPUコア全体で共有する「アン・スライス」（Un-Slice）と、メディアエンジン群とGPUコアの中でスケーラブルに並列化する「スライス」（Slice）の、2つの要素で構成。
　演算コアである「EU」（Execution Unit）が8個セットで「サブ・スライス」（Sub-Slice）を構成し、この「サブ・スライス」が3個セットで「スライス」（Slice）を構成します。

　つまり、24基の「EU」で「1スライス」ですが、このスライスが1つのものを「GT2」と呼び、アーキテクチャの基本となっています。

　たとえば、スライスが2つなら「GT3」、3つなら「GT4」と呼び、より強力な処理能力をもつことになります。

　「GT4」では、「72EU」で計576個の積和算ユニットを備えた巨大なGPUコアを構成して、ピーク演算性能は推定値で「1T FLOPS」以上です。

＊

　また、インテルは前世代の「Broadwell」（ブロードウェル）から、「共有仮想アドレス空間」(Shared Virtual Address Space)を実装しており、GPUコアとCPUコアが、同じ共有メモリアドレス空間を共有できるようになっていました。

　これは、CPUコアとGPUコアの間で、「アドレス・ポインタ」を使ったデータ共有ができるもので、「汎用GPUプログラミング」がしやすくなる仕組みです。

　一般に「GPGPU」におけるボトルネックは、CPUとGPUの間をつなぐインターコネクションにあり、この問題を前述のIBMとNVIDIAの開発するスーパーコンピュータでは、「NVLink」で解決を図っています。

　しかし、規模こそ異なれ、インテルのCPUとGPUの間のインターコネクションでは、「メモリの共有」という、はるかに高速かつ緻密な連携を図ることができることになります。

　また、従来「SOA/Scalar型」と「AOS/Packed型」の2本立てとしてきた実行モデルを、「Skylake」からは、「SOA/Scalar型」に一本化しました。

　これは、NVIDIAやAMDのGPUにより近い実行モデルであり、インテルのプロセッサもまた、グラフィックに限定されない、「汎用的なGPUコンピューティング」に向いた設計に変更してきたと考えられています。

■　進むGPUの「省電力化」

　数年前まで、GPUの進化は、大消費電力なゲーミング用のディスクリートなグラフィックボードによって、駆り立てられてきました。

　しかし、「スマホ」や「タブレット」などのモバイル機器のグラフィック要求が年々高まり、そのキーとなる要素として、「処理能力と電力消費の比」が課題となりつつあります。

＊

　ARMの「Mali-470」は、消費電力を抑えた小型のウェアラブルなデバイスでも、スマートフォン並みのリッチなグラフィックスを実現するGPUです。

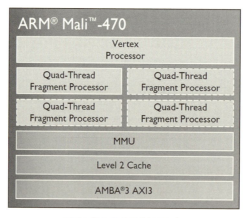

GPU「Mali-470」(ARM)

　「スマートウォッチ」や「IoT」「産業用制御パネル」「医療モニタ」などを主なターゲットとしており、

・「Mali-400」比で半分の消費電力、2倍の電力効率。
・シングルコア構成で最大「640×640」解像度をサポート（マルチコア構成ではそれ以上）。
・「Mali-400」比でダイ面積を10％削減、半導体コストを削減。
・低電力CPU「Cortex-A7」、または「Cortex-A53」との組み合わせに最適化。

といった特徴を備えています。

省電力要求の高い「ウェアラブル」「IoTデバイス」においても、GPUの必要性が高まっていると言えるでしょう。

GPUの汎用演算

現在利用されているIT機器のほぼすべてが、CPUとGPUを一定の割合で搭載しています。

2つの間の違いは、ユーザー目線で言えば、「アプリケーションの実行」と、「グラフィックおよびビデオ処理」(エンコード/デコード)のそれぞれを担当している点でしょう。

また、プログラマー目線で言えば、「シリアルな処理が得意な演算ユニット」と「パラレルな処理が得意な演算ユニット」という点になります。

同一の演算量で比較すれば、処理の速度は圧倒的にGPUのほうが高速です。

特に「4K映像」の再生などは、GPUのハードによるデコード機能がなければ、CPU単体では不可能でしょう。

つまり、汎用的な演算処理にGPUをより活用できれば、コンピュータの性能は飛躍的に向上するはずです。

しかし、「メニーコア」や「ヘテロジニアス・コンピューティングと」いったキーワードで10年来語られつつも、まだまだ良い実装は少ない状況です。

*

ビジネス市場では、いわゆる「ビッグ・データ」の解析が並列処理に向いているため、「GPGPU」に注目が集まっています。

IBMの掲げる「データセントリック・コンピューティング」といったキーワードも、「ビッグ・データ」にまつわる言葉です。

しかし、個人ユーザーにおいては、「ビッグ・データ」を扱う必要性もないため、いまのところデジタル映像の編集など、限られた用途でしかGPUの恩恵を得られていません。

*

思うに、プログラミングであれば「コンパイラ」という「マン・マシン・インターフェイス」があるように、GPUとユーザーを結ぶリアルタイムのインターフェイスが登場するまで、GPUの利用は進まないのではないでしょうか。

　「ディープ・ラーニング」にしても、研究開発者レベルでは非常に注目を集めていても、利用できるアプリケーションやサービスがなかなか登場しないのは、インターフェイスが存在しないことに問題があるように思えます。

＊

　「音声」や「自然言語」など、個人ユーザーでも機械学習に利用できるデータは豊富に存在します。

　たとえば、青空文庫のデータを流し込んで、「ディープ・ラーニング」による文学作品の分類をやらせてみるなどの活用が考えられます。
　また、この他にも「YouTube」の映像コンテンツの解析を行なうなど、いいインターフェイスさえあれば、個人レベルでも取り組める、面白そうな領域、有用な領域はたくさんありそうです。

　最近では、グーグルからオープンソースの機械学習ライブラリ「TensorFlow」（テンサーフロー）が発表されました。

TensorFlow
（http://tensorflow.org/）

　興味のある方は、こういったものを試してみるのもいいかもしれません。

1-3 　小型化、省電力化が進む「CPU」

■「CPU」の技術開発

まずは、CPUの高性能化に関わる歴史を、少し辿ってみます。

● 高クロック化

「Windows95」が登場したころ、CPUのクロックは「100MHz」程度が一般的でした。

CPUの処理能力を向上するにあたって、まずはこのクロックの高速化が図られました。

単位時間当たりに実行する命令の数を増やし、処理を短時間ですむようにするわけです。

しかし、クロックを高速化すると、CPUが使っている半導体「MOS-FET」(Metal-Oxide-Semiconductor Feld-Effect Transistor)は、消費電力が増加します。

●「プロセス・ルール」の微小化

半導体製造時の「プロセス・ルール」を微小化し、低電圧化すると、CPUクロックを向上しつつ、消費電力を抑えることができます。

「プロセス・ルール」とは、CPU内部の「配線の幅」を表わす指標です。
これを微小化すると、低電圧化、省電力化、高密度化が可能になります。
有名な「ムーアの法則」も、これと大きく関係しています。

「Windows95」当時のCPUコア電圧は「3V」程度でしたが、現在では「1V」程度まで低下しています（消費電力は、電圧の2乗に反比例）。

しかし、これには限界もあります。
「プロセス・ルール」を小さくしすぎると、「漏れ電流」の影響が大きくな

り、トランジスタが想定どおりに動作しなくなったり、無駄な消費電力が増えたりするという問題に直面します。

●「メモリのアクセス方法」の見直し

「DRAM」は、他のRAM型記憶素子と比べて大容量化が容易で、容量単価も安価なため、黎明期から現代まで、「メイン・メモリ」や「ビデオRAM」として使われ続けています。

この「DRAM」は、記憶素子の動作原理に、「コンデンサ」と同じように「電気を貯めておく」という仕組みを使っています。

そのため、周期的に「リフレッシュ」の動作が必要など、複雑な制御が必要です。

しかし、同時にそのあたりに高速化の鍵があります。

●「SDRAM」の採用

初期の「DRAM」は、CPUとは非同期に動くように設計されていました。

しかし、これでは読み書きのパイプライン化が難しいという問題がありました。

それを解消したのが、「SDRAM」（Synchronous DRAM）です。

「SDRAM」は、「DRAM」が「バス線」を通して、CPUと同期しながら動作するものです。

これによって、メモリの読み書きをパイプライン化できるなどの高度な制御が可能となり、読み書きの速度が向上しました。

現在、主流の「DDR3」や「DDR4」といった「DDR SDRAM」は、この「SDRAM」の仕組みを踏襲しています。

＊

「パイプライン」を使うと、特に連続した領域を読み書き（バースト・アクセス）する場合のスループットが大きく向上します。

しかし、不連続なアドレスの読み書き（ランダム・アクセス）は、「リクエスト」～「読み書き完了」までの遅延（レイテンシ）が大きく、数分の一ほど

に速度が低下します。

このレイテンシは、「キャッシュ・メモリ」の利用で低減しています。

●「マルチメディア用命令セット」の採用

初期のコンピュータは、「加減算」や「2進数演算」などの、単純な計算機能しか搭載していませんでした。

しかし、最近のコンピュータでは、「mp3」の音楽再生や、「mpeg2/mpeg4」といった動画の再生や録画など、大きなサイズのデータが日常的に使われます。

こうしたマルチメディアのコンテンツを扱うには、「整数/浮動小数点の数値データの計算」や「積和演算※」を大量に高速に行なう能力が必要になります。

> ※「mp3」や「mpeg」などのデータ圧縮（伸張）では、「FFT」（高速フーリエ変換）や「DCT」（離散コサイン変換）が使われる。この計算で、「掛けて足す、掛けて足す…」の処理が大量に行なわれる。

「HASWELL」「Broadwell」「Skylake」など、最近のインテル製CPUには、浮動小数や整数演算を並列高速に行なう「AVX2」や、積和演算を並列高速に行なう「FMA3」といった命令セットが搭載されています。

●マルチコア、マルチスレッド

さらに高速化する方法として、CPUの「マルチコア化」「マルチスレッド化」があります。

WindowsなどのOSは、「マルチタスク動作」が前提なので、これらのタスクを1つのコアで「時分割」するのではなく、複数のコアで「同時並行的」に実行すれば、システム全体のスループットが向上できます。

また、たくさんのタスクで処理が混みあったときは、複数のCPUコアで分

担し、逆に混んでいないときは、一部のCPUコアを休止させれば、処理能力と電力消費を両立できます。

● SoC化、SiP化

かつてのCPUは、高速なアクセスが必要な「メイン・メモリ」「VRAM」や、その他の低速なデバイスとの通信を効率的に行なうための、「外付けチップセット」を利用していました。

しかし、「外付けチップセット」は、機器の小型化や省電力化の流れで、消費電力や通信速度、部品面積の点で問題が出てきます。

このため、最近ではチップセットやグラフィック機能、DRAMなどを、CPUのパッケージ内部に統合した、「SoC」(System-on-a-Chip)や「SiP」(System in a Package)という形態を採ることが一般的です。

小型化や省電力化が重要なモバイル機器用はもちろん、ハイエンドPCやサーバ用の高性能CPU（Xeon、Core iプロセッサなど）でもSoC化、SiP化は進んでいます。

※これら以外にも、「アウトオブオーダー実行」や、「TSX」といった技術もあるが、これらは消費電力が大幅に上昇する割に、高速化の効果は限られるので、主にサーバ機用やハイエンドCPUで利用されている。

低消費電力が求められるIoT機器

●「IoT機器」に必要ではない機能

「IoT用のコンピュータ」は、身につけて持ち歩いたり、どこかに設置して遠隔操作したり、といった使われ方をします。

「IoT機器」は、インターネットを介して「サーバ機」などに接続でき、複雑な処理をサーバ機側に任せることもできます。

そのため、「端末としてのIoT機器」側には、「大容量メモリ」や「高速な処理能力」は重要ではありません。

場合によっては、「GUI機能」「OSを動かす機能」なども不要です。

● 「IoT機器」に必要な機能

「IoT機器」は、身につけて持ち歩いて使ったり、いろいろな場所に設置して遠隔的にセンサデータを収集したり、という具合に使われます。

「AC電源」が常に利用できるとは限らないので、「乾電池」などでも長時間稼動し続けられる「省電力性能」がとても重要です。

また、「ネット接続」の機能も必要です。

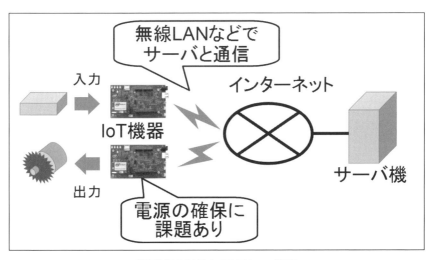

「消費電力性能」が重要なIoT機器

● 小規模な「マイコンボード」の消費電力

一般的なCPUの「TDP」(Thermal Design Power)値は、サブノートやタブレット端末で数W(ワット)、ノートPC用で10〜20W程度、ハイエンドのデスクトップPC用では100W近いものもあります(内蔵GPUも含む)。

一方、マイコンボードでメジャーなもののひとつ、「Arduino」は、8ビットコアの非力かつ少メモリなマイコンでは、CPU単体で「50m 〜100mW」程度(処理内容による)と、数桁小さい消費電力で動作できます。

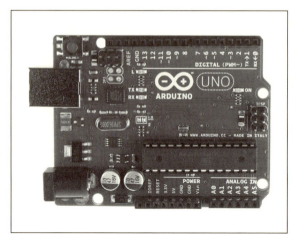

Arduino

　また、「mbed」は小型の32ビットARMコアを搭載したマイコン基板で、CPUコアは「Arduino」に近い消費電力で動きます。

　「USB」や「LAN接続機能」を内蔵したモデルも販売されています。

mbed

　これらはOSを動かす機能を搭載しないぶん、省電力性能に優れます。

　また、「LAN」や「Wi-Fi」を接続するためのアクセサリも用意されているので、Webサーバ機能を組み込んで、ネット越しにセンサ機器を扱う、といったことも簡単です。

（USBやLAN、Wi-FiなどのインターフェイスICは消費電力が大きいので、不要時には「待機モード」に切り替えるなど工夫が必要）。

■ 近未来のCPU

現行品や、もうじき登場する省電力タイプのCPUで使われている技術を眺めてみます。

● RISC系CPU、ARM

ARM社が提供する「Cortex-Aシリーズ」は、小型で省電力ながら、汎用OSを稼動できる処理能力をもつ、「RISC系32ビット/64ビットコア」のCPUです。

洗練されたRISC系の命令体系なので、「パイプライン処理」や「スーパースカラ処理」で高速化を行ないやすい特徴があります。

インテル系に比べて、処理能力の割に小規模かつ省電力であるため、「スマホ」や「携帯ゲーム機」などを中心に採用されてきました。

また、最近は省電力性能が向上したため、サーバ機でも採用されるようになってきています。

●「モバイル端末」でも64ビット化の流れ

「Android5.0」（Lolipop）から、Android OSは「64ビット対応」となりました。

「Android5.1」搭載のソニー「Xperia Z5」などが採用する、ARM V8アーキテクチャSoCには、「32ビット/64ビット両対応」となる「Cortex-A57」「Cortex-A53」コアを搭載しています。

2016年には、さらに処理能力と電力効率を向上した、V8アーキテクチャの後継SoCが、各社から登場する予定です。

高機能で大処理能力の「Cortex-A72」と、小規模省電力の「Cortex-A53」

を、それぞれ複数コア搭載し、処理能力が必要なときには前者に、それ以外は後者に動的に切り替える（big.LITTLE Processingと呼ばれています）ことで、省電力ながら高い処理能力を実現できます。

● ARMのGPU

ARM用のGPUは単体提供ではなく、NVIDIAの「Tegraシリーズ」や、Qualcommの「Snapdragonシリーズ」、AMD社のサーバ用APU「Opteron Aシリーズ」のように、各社のCPUに統合した「SoC」の形で提供されます。

ARMのGPUは、「SoC」の形で提供される

ARMでも、GPUは「GPGPU」としての用途が広がっていると言えるでしょう。

GPU大手のNVIDIA社や、旧ATIを買収したAMD社は、「HPC」（High-Performance Computing）用途の比較的高性能なCPU、GPUを搭載したSoCを供給しています。

＊

一方ARM社は、CPUコアだけでなく、「Mali」ブランドでGPUの設計、ライセンス提供も行なっており、「Allwinner」「MediaTek」「Rockchip」「Samsung」「STMicro」など、各社で採用されています。

　2016年に登場予定の「Mali-T880」は、処理能力でNVIDIAの「Tegra X1」に引けをとらないレベルのようです。

　ただし、現状は「DirectX12」には未対応など、環境面も含めると「Mali」が後を追っているという感じです。

●「省電力」で後を追うインテル

　「ATOM」は、省電力型のx86互換CPUです。
　一部は「Pentium」や「Celeron」のブランドを冠し、省電力型PCにも採用されてきました。

　インテルは、消費電力の点でARM勢に水をあけられてきましたが、この「ATOM」コアや、さらに省電力な「Quark」(クォーク)コアにより、最近ではARMに匹敵するレベルになってきています。

「Edison」(インテル)
「ATOM」と「Quark」を搭載する。

　ここでは、省電力性能が重要なIoT用CPU「Quark」について眺めます。

● 省電力なx86互換コア「Quark」

「Quark」は、IoT用として利用するために、動作クロックを抑え、また「SSE／AVX命令」や「64ビット命令」などを搭載しないため、きわめて省電力で動くことができます。

インテルのマイコン基板「Galileo」や「Edison」(サブCPU側)に搭載されており、また、近々登場する「Arduino-Uno」の後継モデル「Arduino101」(日本名では、Genuino101)にも採用される予定です。

＜Arduinoの公式情報＞

```
https://blog.arduino.cc/2015/10/16/intel-and-banzi-just-
presented-arduino-101-and-genuino-101/
```

Galileo (インテル)

●「Arduino101」のCPU

「Arduino101」(Genuino101)のCPUチップ「Curie」(キューリー)は、32MHz動作の「Quark」コアを搭載したSoCです。

「Arduino101」
Quarkコアの「Curie」を積む。

超小型CPU「Curie」(インテル)

　これまでにも、32ビットARMコアを搭載したArduinoボードはありまし
たが、「Curie」は新しい特徴をもっています。

　「Curie」のSoC内には、CPU、メモリ(フラッシュメモリやSRAM)の他
に、「6軸センサ」(3軸加速度＋3軸ジャイロ)や、「BLE」(Bletooth Low Ener
gy)など、スマホがもっている機能をあらかじめ搭載しています。

● 「Curie」のニューラル回路

さらに「Curie」には、公式の情報はまだ開示されていませんが[※]、128ノードの「ニューラルネットワーク回路」を搭載しているようです。

※技術を有するNeuroMem社と、その元親会社の間の、知財の課題が原因の様子。

インテルのファクトシート(詳細な解説文書)にある、Curie開発キット「Intel IQ Software Kit」に、これに関すると思われる記述があります(仕様は変更になる可能性があります)。

＜インテルのファクトシート＞

http://download.intel.com/newsroom/kits/ces/2015/pdfs/Intel_
CURIE_Module_Factsheet.pdf

ここに挙げられている「個人識別」や「人の活動内容の識別」といった「機械学習」の処理は、「ニューラル回路」を使うと、CPUやGPUよりも高速、省電力に処理できます。

そうした用途を念頭に、搭載した機能と思われます。

このような処理に有用な「ニューラル回路」は、近未来のスマホ用「SoC」では、標準的な構成になっているのかもしれません。

1-4 「メモリ」の最新技術

■「メイン・メモリ」のテクノロジー

● DRAM

「メイン・メモリ」の技術は、「DRAM」(Dynamic Random Access Memory)がベースになっており、これは1970年代後半から変わっていません。

「DRAM」は、電力供給が絶たれるとデータが消えるという欠点がありますが、データ転送が非常に高速なので、PCの「メイン・メモリ」に使われています。

＊

「DRAM」の「メモリセル」には、「コンデンサ」と同じ原理の「キャパシタ」があります。

「キャパシタ」が電荷をもっていれば「1」、なければ「0」として、データを保存します。

キャパシタの電荷は、時間とともに失われるため、常に電荷を更新することでデータを維持します。

「常に動き続けている」ことが、「Dynamic」という名称のゆえんです。

・SDRAM

メモリは、容量密度と速度を向上させながら進化してきました。

「SDRAM」(Synchronous DRAM)は、外部のバスクロックに同期して「バースト転送」を行ない、「DRAM」を高速化した規格です。

「バースト転送」は、アドレス指定などの手順を省略して一気に転送することによって、データ転送を高速化する手法です。

・DDR

「DDR」(Double Data Rate)の技術が開発されると、メモリの性能は大幅に向上しました。

「DDR」は、外部同期クロックの「立ち上がり」と「立ち下がり」の両方で

データを転送し、理論的には2倍速で転送できるという技術です。

*

「DDR SDRAM」は、「デュアル・チャンネル」に対応したマザーボードで、同規格のメモリを2枚組で使うことで、最高性能を引き出すことができます。

「DDR2 SDRA」Mは、外部同期クロックをDDRの2倍にして高速化した規格。

さらに、「DDR3 SDRAM」ではDDRの4倍に高められ、同規格のメモリ3枚組で高速化する「トリプル・チャネル」が使えるようになりました。

*

「DDR3」の後継規格の「DDR4」では、同期クロックを2倍にすることはできなかったので、より効率的にデータ転送できる仕様に変更されました。

データ線の終端方式を従来の「CTT」(Center Tapped Termination)から、「POD」(Pseudo Open Drain)に変更し、入出力バッファの消費電力を低減。

プリフェッチ(先読み)の動作では、入出力バッファからメモリバンクへのアクセスにおいて、バンクグループを連続的に切り替える方式に変更し、転送速度を高めています。

●「三次元積層」による高速化

「HMC」(Hybrid Memory Cube)は、HMCコンソーシアムが開発している次世代DRAM技術の規格です。

HMCコンソーシアムには、「Micron」「サムスン」「Hynix」「ARM」「HP」など、多くの主要企業が参加しています。

*

「HMC」のメモリチップは、「三次元積層」に「シリコン貫通電極」を生成するという構造です。

マルチレーンのシリアル通信で高速化を図り、DDR3の15倍を超えるインターフェイス速度を実現できます。

次世代グラフィック用メモリ

●「DDR」と「GDDR」の関係性

　「GDDR」は、「DDR SDRAM」の技術をベースにGPU処理に最適化され
た、グラフィック用メモリの規格です。

　「DDR」は、「DDR2」「DDR3」「DDR4」と、規格の更新に合わせて番号を付
けています。

　「GDDR」も同様に番号が付けられていますが、「DDR」と同じ番号の
「GDDR」は、規格の技術内容が一致しているわけではありません。

　たとえば、「GDDR2」には「DDR2」の技術が使われていて、これは一致し
ていますが、「GDDR3」は「GDDR2」を基に高速化した規格です。

　つまり、「GDDR2」と「GDDR3」は、DDR2の技術がベースになっています。

　「GDDR4」は、「DDR3」がベースになっていて、「GDDR4」を高速化した規
格が「GDDR5」です。

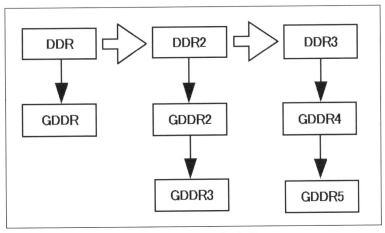

「DDR」と「GDDR」の相関

● 転送速度を上げる新技術

　これまでにグラフィック用メモリは順調に高速化を進めてきましたが、そろそろこれ以上は動作クロックを上げにくいというレベルに達しています。

　ところが、GPU性能はより高い位置にあり、余裕をもって処理しています。

　GPUの性能が現状のままでも、メモリ性能が上がればグラフィックボードの性能は上がるという状況です。

　さらにメモリの転送速度を上げるには、「バス幅」を広げるという方法がありますが、これにはチップ数を増やす必要があり、消費電力も増加します。

　「次世代メモリ」の開発には、性能を上げながら、消費電力を低減しなければならないという課題があり、これに対応する技術革新が求められます。

・HBM

　グラフィックボードの開発を手がけるAMDとNVIDIAは、どちらも「HBM」(High Bandwidth Memory)を採用し、2016年には高性能なハイエンド向けグラフィックボードが数多く登場しそうです。

　「HBM」は、「JEDEC」(半導体の標準化団体)が策定した積層型DRAMの規格です。

　第1世代の「HBM1」の帯域は、スタック1枚あたり128GB/sなので、4枚のスタックで「500GB/s」。

　第2世代の「HBM2」では、1枚あたり「256GB/s」となり、4枚のスタックで最大「1TB/s」の帯域を使うことができます。

　ちなみに、「GDDR5」の帯域は最大で「384GB/s」です。

＊

　「HBM」はCPUやGPUに重ねることもできるので、モバイル向けプロセッサの性能向上にも貢献しそうです。

　グラフィックボードでは、GPUに隣接した位置に「HBM DRAM」が実装されます。

　「積層型DRAM」はメモリの実装面積を縮小でき、GPUへの配線も短くで

きるため、安定した高速転送が実現できます。

＊

「HBM1」の出荷は2015年から始まっていて、AMDは2015年7月中旬、「HBM1」を採用した最初の製品「Radeon R9 Fury X」を発売。

NVIDIAからは、「HBM」採用製品がまだ出ていませんが(2015年11月現在)、ハイエンド市場に投入される製品が注目されています。

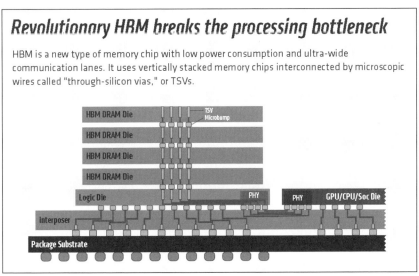

Revolutionary HBM breaks the processing bottleneck

HBM is a new type of memory chip with low power consumption and ultra-wide communication lanes. It uses vertically stacked memory chips interconnected by microscopic wires called "through-silicon vias," or TSVs.

「HBM DRAM」ダイの実装イメージ

■「NAND型フラッシュメモリ」の多値化

「NAND型フラッシュメモリ」の内部は、「シリコン基板」と「制御ゲート」が格子状に配線され、直交する位置に「メモリセル」の素子があります。

「メモリセル」には、「絶縁膜」「浮遊ゲート」「トンネル酸化膜」の層があります。

「浮遊ゲート」に電子が存在するかどうかで、データを記憶します。

「浮遊ゲート」は、「絶縁膜」によって保護され、状態が変化しません。

この仕組みにより、電源を切っても保存したデータは保持されます。

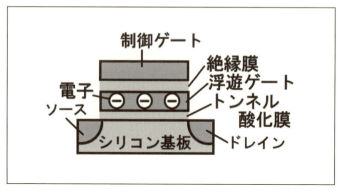

「NAND型フラッシュメモリ」のセル構造

　「NAND型フラッシュメモリ」を大容量化するには、配線の「微細化」と「多値化」のアプローチがあります。

・SLC

　フラッシュメモリの基本は、電子の「ある」「なし」で、1セルあたり1ビットのデータを扱います。

　このセルを「SLC」(Single Level Cell)と呼びます。

・MLC

　「浮遊ゲート」に入れる電子の数を制御し、「ある」と「なし」の中間レベルを判定すると、1セルあたりのビット数を増やすことができます。

　これを「MLC」(Multiple Level Cell)と呼びます。

・TLC

　そして、当初2ビットだった「MLC」から、3ビットの「TLC」(Triple Level Cell)が開発され、大容量のメモリチップが作れるようになりました。

・QLC

　さらに4ビットの「QLC」(Quad Level Cell)が開発されています。

　今後「QLC」採用製品が登場すれば、フラッシュメモリの大容量化が加速しそうです。

■ 積層構造メモリ

● 3D XPoint

インテルとマイクロン・テクノロジは、不揮発性のフラッシュメモリを共同で開発しています。

インテルとマイクロンの企業連合は2015年7月下旬、米国で記者会見を開催し、新しいフラッシュメモリ技術「3D XPoint」(スリーディー・クロスポイント)を発表。

この技術には、以下のような特徴があります。

・メモリグリッドの3D構造化で集積度を向上。
・NAND型の10倍の転送速度。
・メモリセルの耐久性を向上。

「3D XPoint」という名称は、3D構造とアドレスの指定方法に由来します。

「3D XPoint」の製造法では、まず極薄の「メモリセル」と「セレクタ」の層を縦横にスライスし、この層を挟み込むように、「セレクタ」の上側と「メモリセル」の下側を格子状に配線して、「メモリグリッド」を生成します。

「メモリセル」の上と下の配線が交差したポイントで、アドレスを指定します。

「メモリグリッド」の構造はとてもシンプルなので、製造プロセスの微細化が可能です。

さらに、このメモリグリッドを3D構造に積み上げて集積度を向上し、同じ面積にDRAMの「10倍」の容量を詰め込められます。

集積度の向上は、コスト低減につながります。

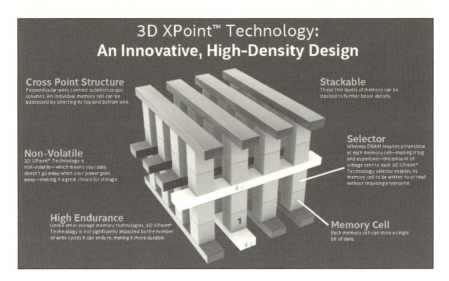

「3D XPoint」メモリの構造

　また、製造プロセスを「16nm」まで微細化する技術開発を行なっており、大容量化を目指しています。

　インテルはすでに「DC P3700シリーズ」で、2TBの大容量SSDを発売していますが、「3D XPoint」製品では、更なる大容量化が可能で、2.5インチで10TBのSSDが作れます。

　高速書き込みアルゴリズムによって、動作は非常に低レイテンシです。

　次世代接続規格「PCIe NVMe」を採用した製品では、NAND型の10倍のパフォーマンスを実現できます。

　インテルとマイクロンによれば、将来的には、現状のNAND型の1000倍の転送速度が可能だとしています。

＊

　これまでの「NAND型」では、ブロック単位でメモリセルを書き換えるため、寿命の問題がありました。

　「3D XPoint」では、交差ポイントのアドレスで、個々のメモリセルを指定できるため、大幅に寿命を延ばせます。

　その耐久性は「DRAM」には及びませんが、HDDと同様に扱えると考えら

れます。

インテルとマイクロンの発表では、「3D XPoint」のセルは、NAND型メモリの1000倍の寿命と謳っています。

もしこれが本当なら、一般的な使い方では、ハード的な寿命が尽きるまで使えるストレージとなります。

●「3D XPoint」の位置付け

さて、「3D XPoint」によるデバイスはどのような位置付けになるのでしょうか。

どうやら初期の製品は、SSDとしてリリースされるようです。

インテルは2015年8月、サンフランシスコで開催された技術カンファレンスで、「3D XPoint」技術で製造されたSSDのプロトタイプを公開しました。

「Intel SSD DC P3700シリーズ」と「3D XPoint」を比較したデモンストレーションでは、「3D XPoint」のSSDは、約7倍の性能という結果が示されました。

「P3700シリーズ」は、NVMe対応のデータセンター向けのSSDで、「リード2.8GB/s、ライト2GB/s」(シリーズ最高値)という高速ストレージ。

これをはるかに凌駕する「3D XPoint」の転送性能には、目を見張るものがあります。

*

「3D XPoint」の位置づけとしては、「DRAM」と「SSD」の間を埋める製品群ということになります。

「3D XPoint」のメモリチップがより高速化すれば、「DRAM」と似たタイプの「DIMM」も販売されると見られています。

*

PCの記憶装置は、CPUから離れるほど低速なデバイスを配置するという構成になっています。

CPUには「キャッシュ・メモリ」があり、その直近に「DRAM」、さらに下位には各種ストレージが配置されます。

これらの序列の中で、DRAMとSSDなどのストレージの間には、転送速

度に大きな隔たりがあり、この間を埋める装置として「3D XPoint」は期待されています。

● 3次元フラッシュメモリ「BiCS」

　東芝とSanDiskが共同開発した「BiCS」(Bit Cost Scalable)は、世界初となる48層積層プロセスによる3Dフラッシュメモリです。

　「BiCS」の積層構造は、大容量化と転送速度向上の両立が可能です。

　1チップの容量は「128Gbit」(16GB)を確保できるので、フラッシュメモリの製造コストを下げられます。

　「BiCS」を採用したメモリチップは、2015年3月下旬からサンプル出荷が始まっています。

＊

　また、SanDiskは、データセンター向けの4TBのSSDを発売中です。

　2016年後半には6TBと8TBのSSDを発売する予定で、これらの製品には、製造プロセス「15nmのMLCチップ」使われます。

　そして、これらの製品以降は「BiCS」を採用し、より大容量のSSDを発売する予定です。

＊

　東芝とSanDiskは、「BiCS」の開発が順調に進めば、2017年にはSSDの1GB単価をHDDに近づけられると予測しています。

● 「BiCS」の製造法

　板状の電極を積層した部材に、露光と加工を施し、セルを挿入するための多数の孔を一括で開けます。

　この孔に柱状電極を形成し、電極を包み込むようにメモリ膜を形成します。

　この行程で、「メモリセル」は柱状に重なった構造となり、これを「NANDストリング」と呼びます。

　メモリチップ全体は、「NANDストリング」を束ねた構造になっています。

＊

　「BiCS」を考案する以前は、従来の製造法を流用し、「平面メモリ」を積層する方法が検討されていました。

　これは、メモリ層をウエハ上に生成し、そのウエハ上に同じ行程を繰り返すことで「積層メモリ」を製造するという方法です。

　しかし、この方法では、層の数だけメモリ層を生成する行程が必要で、1層あたりの製造コストが下がりません。

　「BiCS」では、一括行程でメモリを積層するので、低コストで製造できます。

革新的な「磁気メモリ材料」の発見

●「磁気メモリ」に理想的な材料

　「メモリセル」に磁性材料を用いる「磁気メモリ」は、不揮発性メモリの一種です。

　「磁気メモリ」は、高速な読み書きが可能で、DRAMと同等の耐久性があり、次世代メモリとして期待されています。

　しかし、メモリセルに「強磁性体」を使うため、メモリセル同士の干渉が起こりやすく、メモリセルを高細密化しにくいという欠点があります。

＊

　東京大学物性研究所の中辻知(なかつじさとる)准教授らの研究グループは2015年10月下旬、世界で初めて反強磁性体での「異常ホール効果」を観測したことを発表しました。

　この現象は、「磁気メモリ」として理想的な特性であり、メモリ性能の革新的な進展が期待されています。

● 反強磁性体の「異常ホール効果」

　電流に対して垂直な磁場を与えると、電流と磁場に直交する方向に起電力が発生します。この現象を「ホール効果」と呼びます。

　また、磁気を帯びた金属などの強磁性体で「ホール効果」が起こることがあり、これを特に「異常ホール効果」と呼びます。

　「マンガン」と「スズ」の化合物「Mn_3Sn」では、これまで強磁性体のみで「異常ホール効果」が起こるとされてきました。

　中辻知准教授らは、室温以上の温度で、反強磁性体の「Mn_3Sn」が自発的に「異常ホール効果」を起こす現象を発見。

　これを「磁気メモリ」に応用すれば、メモリセル同士の干渉が起こらないので、高細密化した磁気メモリを製造できるようになります。

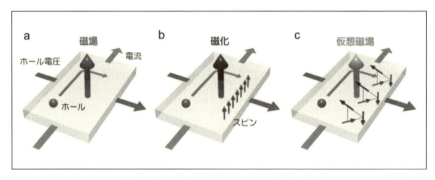

（a）ホール効果、（b）強磁性体の異常ホール効果、（c）反強磁性体の異常ホール効果

1-5 大容量化する「HDD」、速くなる「SSD」

■「HDD」の発展と問題点、「SSD」との比較

● 「HDD」を巡る状況

「HDD」は、PCのストレージとして長く使われてきており、今日ではなくてはならない存在です。

OSの「高機能化」「マルチメディア化」に伴い、HDDは順調に容量を増してきました。

「低価格ノートPC」でも、500GBのハードディスクをもっているのが当たり前になっています。

OSの提供する機能が増えると、ストレージを占めるOSのサイズも増えてしまいます。

また、ワープロ文書よりもマルチメディアのファイルはサイズが大きく、大きなファイルを保存するためにHDDも容量が増してきました。

*

OSは、「ワーキング・メモリ」(一時的な作業の記憶)を「HDD」に求めてきます。

「マルチタスク」が当たり前のOSでは、複数の「アプリケーション」と「データ」が同時にRAM上に存在します。

ただし、RAMには上限があります。

そのため、HDD上にRAMのイメージを保持する領域を設置しておき、必要に応じてRAMとHDD上のイメージをやり取りすることで、擬似的に「RAM」の「ワーキング・メモリ」を拡大する、「ページング」という機能があります。

この仕掛けによって、「ワーキング・メモリ」を大量に必要とするタスクも充分こなせるようになりました。

しかし、クラウド時代になり、PCの使用でもブラウザを常用するように

なって、複数のページを同時に読み込んで表示するような、「ワーキング・メモリ」を大量に必要とするタスクが常態化しています。

　そのため、RAMとHDDの間で発生するページングも頻繁になり、「より速いページングを」という要請が生じてきます。

＊

　RAMを拡張すれば、「ページング」は少なくなりますが、それにはハードへの投資が必要です。

　マザーボードによって、搭載できるRAMの量はさまざまです。

　最近の「低価格ノートPC」や「スティックPC」などでは、RAMをマザーボードに直付けして、コストダウンを図っており、RAMを拡張できないPCが多くなってきています。

＊

　一方で、個人で記録するファイルの量は、激増しています。

　最近の音楽ファイルは「High Resolutuion」で提供されるものが普及し始めています。

　また、「RAWイメージ・ファイル」を保存できるデジタルカメラも普及しています。

　「RAWファイル」は「生」の画像データで、PCによって「RAW現像」を行なうのが一般的ですが、圧縮されたファイルではないので、情報量が大きくなっています。

　さらに、最近のデジタルカメラも画素数が向上しており、動画ファイルもHD画質で記録、再生できる環境が当たり前になっています。

＊

　このように、HDDを巡る状況は、「OS」「Webの機能向上」「メディアの高精度化」によって激変しています。

● HDDの動作

　ここで、HDDはどのように動作しているのかを確認することで、HDDの問題点が明らかになります。

　HDDは、磁気情報を記録する「プラッタ」を高速度で回転させ、「ヘッド」によって「プラッタ」に磁気情報を読み書きしています。
　「プラッタ」を高速回転や「ヘッド」の移動にモータを使っていますが、モータのような機械可動部品は、意外に電力を必要とします。

　また、機械部品によるデータ・アクセスは、機械部分の物理的な動作速度によって、データ・アクセスの速度が制約されてしまうところもあります。

　さらに、「プラッタ」と「ヘッダ」は、接触しないギリギリの間隙をもって「接近」していないといけませんが、非常に精密なところで動くので、ちょっとした振動でも接触し、故障してしまう場合があります。

HDDの仕組み

＊

　まとめると、つぎのような問題点が見えてきます。

・機械的な部分による動作速度の制限
・機械的な部分の駆動に電力が多く必要
・機械的な部分の精度による、振動への脆弱性

　「HDD」では、モータの省電力化やRAMをキャッシュに使うなどの方策で、こうした問題点に対処してきたわけですが、「SSD」が普及段階に入ったことで、徐々に「HDD」から「SSD」への移行が始まっているのです。

●「SSD」の長所と短所

　「SSD」は、「半導体メモリ」で構成されているため、「高速アクセス」「省電力」が特徴となっています。

　また、機械的振動に強いため、ノートPCのようなモバイル用途で重宝されました。

　しかしながら、良いことずくめのような「SSD」でも、HDDに比べると、今ひとつなところもあります。

・コストの問題

　まず、「半導体メモリ」を記録メディアとしているため、HDDに比べてコストが掛かってしまいます。

　HDDの大容量化は、「プラッタ」への記憶密度の向上によって成し遂げられ、近年では「垂直磁化方式」などの採用もあって、かなりの大容量化が実現されています。

　これに対して「SSD」では、「半導体回路」によって記憶セルを構成する必要があり、HDDよりもコストがかかってしまうのです。

　しかし、「プロセス・ルール」の高度化によって、「Flashメモリ」の高密度化が進められ、以前と比べてコストが低減されてきています。

・書き込み回数の問題

　「SSD」に使われている「Flashメモリ」には、読み書きの回数に上限があります。

　「Flashメモリ」の記憶セルでは、半導体に構成されたFET内の「浮遊電子」を情報の記憶に使います。

　「浮遊電子」が半導体内の「絶縁膜」を通過する際に、「絶縁膜」が劣化するため、読み書きの回数に上限が存在します。

　構造上、これは避けられない点です。

　また、使わないときでも、「浮遊電子」の自然放電によって情報が失われるため、記憶保持期間は、短い場合で10年程度とされています。

　HDDでは、「プラッタ」の磁化によって記憶が維持されるので、読み書きの回数、記憶の保持期間は「Flashメモリ」の上限をはるかに上回ります。

　このようにHDDにも利点はありますが、今日の「カジュアル・コンピューティング」を推し進めるには、「SSD」のほうに分があると言えそうです。

■　次世代記憶装置

　HDDの代替や交換で接続される需要を見込んでか、「Serial ATA (SATA)接続」のSSD製品が出ていますが、「SATA」のデータ転送速度には、仕様上「6Gbps」の上限があります。

　「SATA」は、「ATA」よりも速い規格として策定されましたが、当時はHDDの転送速度ならば、この程度で充分だったのです。

　しかし、「ページング・メモリ」のようにHDDが使われるのが当たり前となってしまった今日では、この転送速度がシステム全体のパフォーマンスを低下させる要因にもなってしまいます。

　そこで、SSDの転送速度を充分に活かす新しい「ストレージバス」が提唱されており、それらのバスに対応したSSDも登場しています。

● サーバ向けの「ストレージバス」

・「PCIe」と「NVMe」

　「SATA」よりもデータ転送レートの速いバスには「PCI Express」(PCIe)があり、すでに「PCIe」接続のSSDも登場しています。

また、「PCIe」の延長として「NVMe」(NVM express; Non-Volatile Memory express) という規格が提唱され、実際の製品が登場しています。

「Non-Volatile」とは、「不揮発性」のことで、電源を切っても記憶した内容が保持され「揮発しない」ことを意味します。

現在は「Flash メモリ」ベースのSSDを主なターゲットとしているようです。

・M.2

「M.2」(NGFF)は、「PCIe」の機能をもつバスで、コネクタ幅が「PCIe」よりも狭くなっており、特に高密度実装を目的としたものです。

「マザーボード」や「ノートPC」「Chromebook」にも採用されております。

・U.2

インテルは「U.2」(SFF-8639)という「2.5型SSD」向けの新しいコネクタ仕様を発表しています。

特徴としては、活線挿抜が可能なことで、サーバ稼働中に故障したSSDを交換するような用途にも対応しています。

● eMMC

ここまで紹介した「ストレージバス」は、サーバ由来の規格であり、比較的高機能なPCのためのものという意味合いが強いものでした。

そこで、低価格PC向けには、「eMMC」(embedded MMC)が存在します。

＊

「eMMC」は、「マルチメディア・カード」(Multi-Medium Card)の組み込み型とでもいうものですが、去年辺あたりから、低価格ノートPCに広く採用され始めています。

MSの「Surface 4」にも採用されている「CherryTrail」(Atom x7/x5)は、「ストレージバス」に「SATA」はもたず、「eMMC」をもっているのみです。

＊

「eMMC」の転送速度は、「m.2」などの「PCIe」ベース接続に比べると遅い部類になってしまいますが、それでも使われているのは、「省電力」と「機械

的振動に強い」ことにあります。

「低価格ノートPC」、特に「11.6型液晶」のネットブックでは、プロセッサが省電力化したことで、内蔵電池による長時間稼動が可能となり、モバイル用途で使われることが多くなりました。

ところが、HDDではモバイル用途では大敵の「電力消費」「耐衝撃性」という利便が得られないこともあって、「eMMC」を採用する製品が増えてきている模様です。

現在、「低価格ノートPC」の多くで使われている「eMMC」は、32〜64GBが主流となっていますが、Flashメモリの高密度化によって、今後は容量を増してくるでしょう。

*

現状では、「NVMe」に採用される不揮発性メモリは「Flashメモリ」が主流ではありますが、仕様さえ満たせば、「Flashメモリ」以外の不揮発性メモリ素子も採用される可能性もあります。

「FeRAM」(Ferroelectric RAM：強誘電体メモリ)や「MRAM」(Magneto-resistive RAM：磁気抵抗メモリ)は以前から研究が行なわれていますが、「Flashメモリ」ほどの集積度には達していません。

また、「ReRAM」(Resistance RAM：抵抗変化型メモリ)は構成が比較的簡易なことから、「マイクロ・コンピュータ」内に作り込む成果があるそうで、期待が集まっています。

現状では、これらのメモリは開発途上にあり実用性に乏しく、即座に採用されることはなさそうですが、「NVMe」などが登場したことで、開発に拍車が掛かることになると思います。

■　現在は、HDDとSSDの「棲み分け」

　SSDは「高速アクセス」「省電力」の強みを活かして、HDDの代替として
PCの記憶装置の主流になりそうです。

　一方、HDDも「低価格」「大容量」という特質から、しばらくはSSDと併用
されるでしょう。

＊

　「Windows 10」のようなOSは、HDDで動かしても起動が充分高速です
が、SSDなどで使うと、より高速に動作し、「スイッチONで使えるOS」に
なってきています。

　「OS」「アプリケーション」の入るストレージにSSDを使い、ユーザーの
データ・ファイルの保存、アーカイブにHDDを使うというのが、今のところ、
快適なシステムだと思います。

1-6　　次世代のPC技術

■　3次元クロスシフト多重方式の「ホログラム・メモリ」

　CD-Rに始まった「光学系メディア」は、専門的なユーザーだけではなく、
大容量化と低価格によって音楽や映像の記録を手軽にし、利便性の高いも
のとして一般ユーザーにも定着しています。

　しかし、メディアの微細化が進むことで取り扱いが難しくなり、HDDの
容量増加にメディアの容量が追いつかなかったこともあり、光学系メディ
アPCのバックアップに使われることは少なくなった印象があります。

　そのような中、光学系メディアにも期待をもてる新しい技術が開発され
ています。

　東京理科大学基礎工学部の山本学教授によって開発された「3次元クロス
シフト多重方式」による、「ホログラム・メモリ」の記録技術です。

　5インチの「フォト・ポリマー・ディスク」に小型で簡易な「光学系」と「メ

カ機構」を用いることで、2TBの「ホログラム多重記録」が可能になる技術です。

　長期保存かつ低コストで運用できるとされており、将来的には民生用の光学系メディアの発展にも期待の持てる技術にもなっています。

```
http://www.tus.ac.jp/today/20151105000.pdf
```

■「Oculus Rift」と「HoloLens」

　「バーチャル・リアリティ」(VR)という言葉自体は1990年代などに一度ブームになった言葉です。

　SFなどの近未来の光景の一部として「VR」が登場しています。

　当時はお話の中の出来事であった「VR」も、現在ではさまざまな技術によって実現できるようになりました。

　その代表的なデバイスが、「Oculus Rift」と「HoloLens」です。

● Oculus Rift（オキュラス・リフト）

　「VR」に必要不可欠な「3Dグラフィックス」ですが、現在のPCではグラフィックカードを経由することで、リアルタイムに高精細な3Dグラフィックスが描画可能になっています。

　従来はこういったグラフィックの分野は、「家庭用ゲーム機」のほうが、性能が高いと言われていましたが、現在ではPCのアーキテクチャが「家庭用据え置きゲーム機」にも使われるという“逆転現象”が起きています。

　このようなパワフルな描画性能を利用して「VR」を再現するデバイスとして開発が進められているのが、「Oculus Rift」です。

　「Oculus Rift」はPCからの画面を表示するためのディスプレイとしての機能と、頭の向きを検出し、PCに伝えるための入力装置としての機能の2つをもっています。

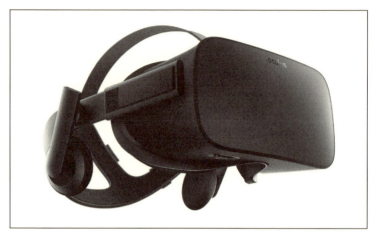

Oculus Rift
（https://www.oculus.com/）

　基本的な構造は、まずPCからの映像信号を内部にある「有機ELディスプレイ」で表示します。

　一方、「ジャイロ」「加速度センサ」「地磁気センサ」などによって得られる装置の状態を「トラッキング」、つまり「USB」を通じてPCから読み出します。

　そして、この情報を映像に反映させることで、「頭の動き」と「映像」が同期し、ユーザーはあたかも「仮想3D空間」の中に居るかのような気分になると言うわけです。

● HoloLens（ホロ・レンズ）

　マイクロソフトの「HoloLens」は、「Oculus Rift」とは少しアプローチが異なります。

　まず、全体の映像を作り出すのではなく、実際の現実を3D空間として捉え、頭が向いている方向を「仮想空間」の「カメラ位置」として仮想空間上の3D映像をグラスに投影します。

　これによって、現実の一部に3D映像を重ね合わせることができます。

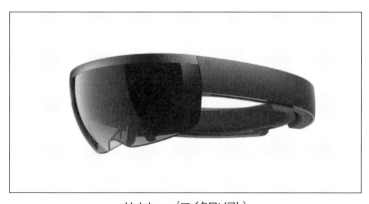

HoloLens（マイクロソフト）
（https://www.microsoft.com/microsoft-hololens/en-us）

　「HoloLens」を使ったユーザーは、「現実」と「仮想」が混在する空間にいることができ、

・3Dモデルの表示による試作
・3Dモデル自体の創作
・現実空間をディスプレイとしたゲームをプレイ

などができます。

　これによってユーザーは現実空間の中に3Dオブジェクトが登場したような気分になります。

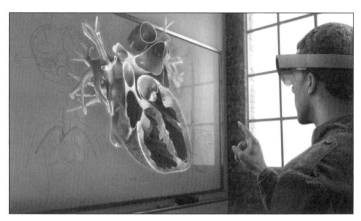

「現実空間」と「仮想現実」の融合

　「Oculus Rift」の本体価格は599ドル、「HoloLens」は開発者向けの最初の
キットの価格が3,000ドルと、「Oculus Rift」よりも高額になっています。

■「1.8nm トランジスタ」技術

　半導体業界には、「ムーアの法則」という経験によって得らた予想があり
ます。
　それによると、半導体の集積密度は2年ごとに倍増するとされています。

　この法則は研究開発に対する努力目標のようなものなので、必ず実現で
きるとは限りませんが、少なくともこの法則の元となる論文が発表された
1965年から現在までは維持されています。

＊

　半導体の製造プロセスは、微細化が確実に進んでいて、開発競争も行なわ
れています。
　しかし、密度が2倍になっても、単純に2倍の性能になるとは限らないこと
が判明しています。
　これは、半導体の密度が上がることによって起こる「発熱」や「リーク電
流」の問題があるためです。

　現在では、それらの問題を回避するために、並列実行可能な命令数を増や
すことで処理能力を向上させています。
　しかしながら、結果として、現実的にCPUの見た目で分かりやすい指標で
の速度や性能の向上は、鈍化傾向にあります。

＊

　それでも密度が上がることには、メリットがあります。
　同じ性能であっても同じ「歩留まり」(良品が得られる率)が実現できれば
1つのウェハでより多くの半導体を得られ、製造コストは低下するためです。

　半導体の集積密度は製造プロセスを長さの数値で表わしますが、現在で
は「14nm」のものがようやく実用化されつつあります。
　半導体はトランジスタの塊であり、いかに微細な密度でトランジスタを
構築できるかが高密度化への成功の鍵となります。

＊

　そのような中、IBMが「1.8nm」のトランジスタ製造技術を発見したこと
が話題になりました。

　この技術は基礎技術の段階であり、実用化や実際の製造、商用化といった
プロセスで数多くの壁を超えなければならないものの、これ以上の微細化
は難しいと言われる現在の半導体業界においては、実現できる可能性が見
つかったことが朗報だと言えるでしょう。

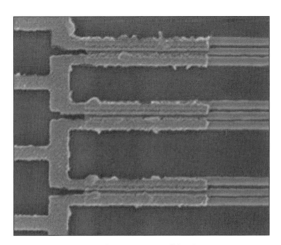

カーボンナノチューブを利用

　この技術の発見によって、今後もしばらくは「ムーアの法則」が維持され
そうです。

■「USB Type-C」と「Thunderbolt 3」

　「Windows 98」から、OSとして正式にサポートされた「USB」は、互換性
や速度の問題などを抱えつつも、現行の市販PCにUSBは欠かすことがで
きないポートです。

　また、「USBポート」は家電製品にも搭載されるなど、普及はPC以外でも
進んでいます。

＊

　「USB」の欠点としては、

・ケーブルが挿入しにくい、

・「Type-A」という大きなコネクタのせいで、ハードの小型化が阻害される

という問題が挙げられていました。

　そのような問題を解決する新しい規格が、「USB Type-C」になります。

＊

　「USB Type-C」の特徴として挙げられるのは、「裏表がない」「デバイスとホストの両方が同じコネクタ」という点です。

　つまりケーブルは両端どちらでも、裏表も区別することなく、すぐに差し込むことができます。

　これによって、従来のUSBのような挿し直しをする手間が省けます。

　しかも、「USB 3.1」での最大伝送速度が「10Gbps」であるため、高速に転送できます。

　このように利便性が高い「USB Type-Cコネクタ」は、サイズもスマホに使われている「microUSB」と同等なので、今後普及することが期待されているインターフェイスとなっています。

＊

　「USB Type-C」のコネクタは他の通信規格にも応用でき、たとえば「Thunderbolt 3」が挙げられます。

　「Thunderbolt 2」以前は「Mini DisplayPort」のコネクタを利用していたもので、内部は「PCI Express」による伝送インターフェイスになっています。

　「Thunderbolt 3」では「40Gbps」となり、外部へのインターフェイスとしては非常に高速なものであると言えます。

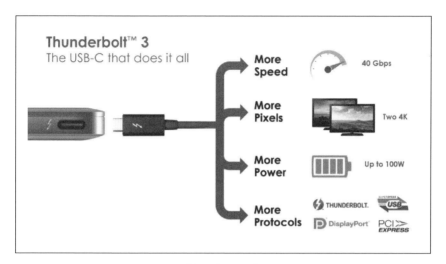

Thunderbolt 3

*

　映像編集やバックアップなどで、外部ストレージとの高速伝送は今後も重要になると考えられます。

　しかし、「Thunderbolt」そのものは一般向けの規格とは言い難い側面もあります。

　「Thunderbolt」の開発元であるアップルも、「Thunderbolt ディスプレイ」の生産を終了することを発表しており、さらにニッチな規格になるかもしれません。

第**2**章

「安く使えるPC」を追求する

低価格な「スマホ」「タブレット」が普及するにともなって、「PC」も、「それまでの機能を保ちつつ、安価に使う」という方向が生まれています。
本章では、そのような「低価格で使えるPC」のポイントを探ってみます。

2-1 　「低価格PC」の機能とは

■　とことん「低価格」になった「PC」

「PCを扱うことが特殊スキルであり、必要とする人だけが何十万、何百万円ものお金をかけてシステムを揃える」といった時代は、遠い昔に過ぎ去りました。

　インターネットの普及に伴って、「PC」は生活必需品だと言われていたのも束の間、「スマホ」や「タブレット」の台頭で、相対的に「PC」の使用率が下がってきているというのが、現在の「PC」を取り巻く状況です。

＊

　さて、現在のところ、緩やかな栄枯盛衰の道を歩むPCですが、その過程で価格の下落も続いています。

　PCの価格については総務省が公開する「情報通信白書」でまとめられています。

　たとえば、2014年度版の掲載データによると、2004年から2013年の10年間にかけて、ノートPCの平均単価は「約13.5万円」から「約8.3万円」へと、右肩下がりになっています（次ページ図）。

　量産効果によるコストダウンのみならず、海外メーカーとの競争激化や市場のコモディティ化※が、価格下落の要因として考えられるとされています。

> ※市場が成熟するにつれメーカー間での技術や機能が均質化し商品差別化が困難になることで最終的に価格勝負となること。

　その他にも、「スマホ」や「タブレット」の登場によって、「PC」の需要が頭打ちになったことや、円高による「パーツ」のコストダウンも価格下落につながった、とする声が多いようです。

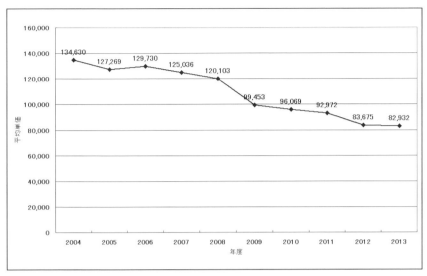

「ノートPC」の平均単価推移 (情報通信白書より)

　このように、「スマホ」が一般的になる前 (2000年代前半)から比べれば、かなりの「低価格」と言える感覚で「PC」を導入できます。

　しかも、「低価格」だからと言って使えない性能というわけではなく、"最低価格帯"の「PC」でも、日常作業には支障がないパフォーマンスを提供してくれます。

　また、最近は「PC」のバリエーション、特に筐体サイズのバリエーションが豊富になりました。

　「タブレット型」(2in1)の「ノートPC」や「NUC」に代表される「小型デスクトップPC」、「スティック型の超小型PC」など、小型筐体のバリエーションが増え、用途や生活スタイルに合せた選択の幅が広がっています。

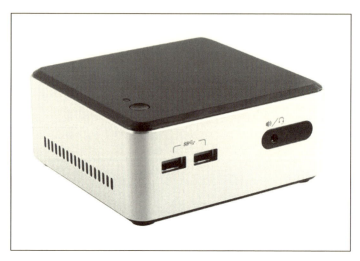

インテルの「NUC」
手のひらに乗る超小型PCキット。

　そこで、このように「低価格化」し、バリエーションも豊富になったPCを
どのように活用するかについて、
・PCのシステム構築
・組み合わせる周辺機器
・さまざまな「クラウドサービス」
といった視点から探っていきます。

　「PC本体の構成」や「スペック」を分析し、「低価格PC」はどのような構成
になっているかを見ていきましょう。

■　　　PCの「主要構成」と「標準スペック」

　まず、PCを構成する「主要パーツ」と、主に「低価格PC」での標準的なス
ペックについて分析します。

●CPU

　「CPU」は、その「PC」のグレードを決定付ける、最も重要なパーツのひと
つと言えます。

「CPU」の「スペック」を読み取る上で、重要な項目は次の点です。

・アーキテクチャ (コードネーム)

「CPUのブランド名」とは別に、インテル「KabyLake」やAMD「Zen」のように呼ばれるCPUの「コードネーム」は、「CPUアーキテクチャ」を知る重要な情報です。

「アーキテクチャ」が異なれば性能の根本部分から変わってくることもあるので、CPUの「コードネーム」と性能の関係を知っておくことは損ではありません。

・コア数

最近のCPUは、ほとんどが2コア以上の「マルチコアCPU」です。

当然、「2コア」より「4コア」のほうが高性能になりますが、「多コア」を活かせる用途は限られるので、場合によっては「2コアCPU」と「4コアCPU」で、ほとんど変わらないといった現象もあり得ます。

・動作周波数

「CPU」の「動作スピード」を決める数値で、最もベーシックなパラメータです。

「CPUアーキテクチャ」と「コア数」が同等のCPU同士の比較であれば、「動作周波数」の高いほうが、高性能で高価なCPUということになります。

逆に、「アーキテクチャ」や「コア数」の異なるCPUを比較する場合「動作周波数」はあまりアテになりません。

インテルを例にすると、低価格帯のPCでは、「Core i3」「Pentium」「Celeron」「Atom」といったCPUが広く採用されています。

ただ、インテルCPUのアーキテクチャは、大きく2系統に分けられており、特に低価格帯では、次の2つのアーキテクチャが混在しているので、注意が必要です。

・Coreプロセッサ系

「高性能」なアーキテクチャ。

「Core i3」「Pentium」「Celeron」といったCPUが該当します。

・Atomプロセッサ系

「省電力重視」のアーキテクチャ。

「Atom」「Pentium N/J」「Celeron N/J」といったCPUが該当します。

両アーキテクチャは方向性がまったく異なり、実効性能には大きな差があります。

特に、「Pentium」「Celeron」ブランドは、両方のアーキテクチャで展開されており、「CPUのモデル・ナンバー」で判別するので、注意が必要です。

> ※もっとも、「Atomプロセッサ」系の「CPU」は、「マザーボード」とのセット販売のみなので、自作であれば間違えることはないが、メーカーPCを購入する場合に気をつけたい。

普段使いのPCにするのであれば、比較的パワフルな「Coreプロセッサ系」を選び、24時間運用のサーバ系用途であれば、省電力に秀でた「Atomプロセッサ系」…という具合に選択するといいでしょう。

● メモリ

「メモリ容量」は、一度に作業できるアプリケーションの数や扱うデータ量を決定付けます。

「メモリ容量」を超えるデータを扱おうとすると、ストレージの一部領域を仮想メモリとして扱う「メモリ・スワップ」が発生し、パフォーマンスが大幅に落ちてしまいます。

そのため、必要なメモリ容量よりも余裕をもたせて搭載するのが一般的です。

「現行PC」に使われているメモリは、

・240pin DDR3 SDRAM DIMM ……… デスクトップPC向けメモリ
・204pin DDR3 SDRAM SO-DIMM … ノートPC向けの小型メモリ

の2種類で、さらに「低電圧版」(DDR3-L)といったものもあります。

増設の際はシステムに合致したメモリを購入しましょう。

メモリの「製品名」や「スペック部分」に「DDR3-○○○○」と数字で表示されている部分は「データ転送レート」を表わし、数値が高いほど「高速なメモリ」であることを意味します。

ただ、「CPU」によって、対応できる上限が決まっているので、必要以上に高速なメモリを購入しても無駄な投資になるため注意です。

必要なメモリ容量の目安については、以降を参照してください。

・2GB

「Webブラウザ」や「オフィス・ソフト」を単独で使うには問題のない容量です。

ただし、それらを同時に起動したり、複数のタブを開いたりすると、「メモリスワップ」が発生しやすくなります。

また、「64ビット版」のOSを利用すると慢性的な「メモリ不足」に陥る危険性があるため、使用OSは「32bit版」を推奨します。

・4GB

「Webブラウザ」や「オフィス・ソフト」などを複数同時に起動しても問題ない容量です。

「32ビット版」のWindowsでは「4GB」すべてを使い切れないため、「64ビット版」のOSが推奨されます。

「低価格PC」でも、最低限このくらいの容量は欲しいところです。

・8GB 以上

　「グラフィックス・ソフト」や「仮想PC」など、大量のメモリが必要な作業で、「64ビット版」のOSと「8GB以上」のメモリが推奨されます。

　また、メモリの増設については、同容量のメモリを2枚同時に装着して高速化する、「デュアル・チャネル」が一般的です。

　ただ、1枚挿しの「シングル・チャネル」でもそれほど性能差は生じないので※、「低価格PC」では無理に「デュアル・チャネル」を利用する必要はないでしょう。

　　　※統合GPUの3D性能には若干影響あり。

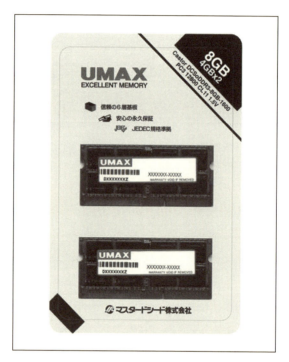

「Castor DCSoDDR3-8GB-1600」(UMAX)
このような2枚セットが性能的には好ましいが、無理にこだわる必要はない。

● GPU（ビデオカード）

画面を表示する「GPU」も、PCに不可欠のパーツです。

「GPU」は、「CPU」に統合された「統合GPU」と、「ビデオカード」として増設する「ディスクリートGPU」の2つに大別されます。

・統合GPU

現在、ほとんどすべてのCPUが「GPU統合型」であり、「ビデオカード」を別途増設しなくても運用が可能です。

「統合GPU」にもグレードに準じた性能差がありますが、3Dゲームをプレイしないのであれば、「低グレードの統合GPU」でも問題ありません。

・ディスクリートGPU

最新ゲームを本格的にプレイしようとする場合、「高性能GPU」を搭載した「ビデオカード」の増設が、不可欠です。

「ビデオカード」を増設するため、「PC筐体」は「デスクトップPC」に限られます。

現在の「統合GPU」は動画再生支援など必要な機能が一通り揃っており、高性能です。

「ビデオカード」を用いなければ小型筐体の選択肢も広がるため、「低価格PC」は、基本的に「統合GPU」を用います。

CPUダイの中に「統合GPU」が置かれている

● ストレージ

　「ストレージ」はデータを保存するデバイスのことで、PCのストレージとしては、「HDD」や「SSD」「SDカード」などが挙げられます。

　理想を言えば、OSやアプリケーションをインストールする「システム・ストレージ」と、作成データを保存する「データ・ストレージ」の2段構えとし、「システム・ストレージ」にはSSDのような超高速ストレージを用い、「データ・ストレージ」には大容量HDDを設置したいところです。

　ただ、「低価格PC」や「小型PC」では実現しづらい面もあります。

*

　ストレージの構築パターンとしては、次のような例が考えられます。

①1台の「大容量HDD」ですべてまかなう

　500GB～2TBの「大容量HDD」に、OSもアプリケーションも作成データも全部まとめて保存します。

　一般的な「ノートPC」と同じパターンで、予算的にもいちばん安価ですが、性能は普通です。

②「SSD」＋「外付けHDD」

　システムに「SSD」を用いて、データ保存には「外付けHDD」を用いるパターンです。

　いちばん理想に近い形ですが、予算もそれなりにかかります。

③「SSD」＋「クラウド・ストレージ」

　データ保存に「クラウド・ストレージ」を用いると、「スマホ」や「タブレット」などの他の端末とのデータ共有も容易になるため、活用する人が増えてきています。

　アクセス速度がネット速度に依存するため、大容量データの保存には向かないところが難点になるでしょう。

　また、「PCの用途」によって「ストレージ」の構築は大きく変わってくるので、まずは「目的」をハッキリ定めるのが先決です。

　「普段使い」であればレスポンスを良くするため「SSD」の導入は欠かせませんし、サーバ的な用途であれば「大容量HDD」の接続が第一です。

　用途に合せて譲れないポイントを定め、他は柔軟に対応するといいでしょう。

● ネットワーク機能

　PCの「ネットワーク機能」は「有線LAN」および「無線LAN」が基本です。

・有線LAN

　「ギガビット・イーサ」(1000BASE-T)対応が当たり前な時代ではありますが、稀に対応していないモデルもあるので、しっかりとチェックが必要です。

・無線LAN

　「ノートPC」は当然のこと、昨今は「デスクトップPC」も標準で「無線LAN」を搭載することが珍しくありません。

　最新規格に対応していると、ポイントが高いです。

　なお、「無線LAN」を標準搭載していない機種でも、マザーボード上に「mini PCI Expressスロット」を備える機種であれば、後から「無線LAN機能」を内蔵することが可能です。

　1つ注意点として、「2.4GHz帯の無線LAN」は、環境によっては安定したスピードがまったく出ないことも珍しくありません。

　そのため、ネットワーク越しの動画再生など安定した通信が必要な場合は、「有線LAN」を推奨します。

Revo Build M1601-N12N（日本エイサー）
無線LANを標準搭載。

● その他のインターフェイス

　その他、周辺機器との接続に欠かせないのが「USB3.0」や「Bluetooth」などのインターフェイスです。

　「外付けストレージ」の性能をスポイルせずに100％活用するには高速な「USB3.0」が不可欠です。
　幸いなことに、一部例外を除いて、ほとんどの機種で「USB3.0」が標準となったため、心置きなく外付けストレージを活用できます。

　そして「Bluetooth」は「キーボード」や「マウス」「ヘッドセット」などを無線で接続するためのインターフェイスです。
　リビングのTVに接続して「セットトップ・ボックス」のように使いたい場合は、「キーボード」や「マウス」の無線化が欠かせないため「Bluetooth」が活躍するでしょう。

2-2　「Windows OS」と「オフィス」

■ 「Windows」の無償化で変わること

● 「Windows10」のコンセプト

　「Windows10」は、リリースされてからしばらくの間※、無料でアップグレードが可能になった初めての「Windows OS」です。

　一度「Windows10」にアップデートしたあとは、以降のバージョンについては無料で提供するとしています。

> ※ 「7」「8」など、別のバージョンから「10」にアップデートする場合の無料期間は、2016年7月29日まで。以降は有料でアップデート。

　「Windows10」は、「1つのプラットフォーム」というコンセプトをもっています。

　「個人ユース」から「エンタープライズ」（企業や公的機関など）まで、プラットフォームを共通化。

　これによって、「スマホ」「タブレット」「ノートPC」「デスクトップPC」など、多様な形態の端末で、垣根なくアプリやWebサービスを利用できます。

　また、マイクロソフトにとっても、サポートにかかるコストを低減できるというメリットがあります。

＊

　マイクロソフト上級副社長のテリー・マイヤーソン(Terry Myerson)氏は、「Windows10以降にはWindowsはサービスとなり、Windowsのバージョンは無意味になる」と述べています。

　しかし、ほとんどのユーザーにとって重要事項なのは、ネットサービスやアプリケーションが、どのバージョンのWindowsをサポートするかです。

　本当にWindowsのバージョンを無意味化できると言うなら、「Windows10」の正式リリースから少なくとも10年間は、現状の主要なWebサービスや「Windows7」で動作するアプリケーション群が、問題なく動作するこ

とが最低限の必須条件だと言えるでしょう。

　「Windows10」がこの条件を満たしつつ、「WindowsXP」のように長期間安定的に使えるなとしたら、ユーザーにとってメリットの大きいOSになります。

● 「Windows7/8」を使い続けるという選択も

　では、「Windows7/8」のサポート期間はどうなっているかというと、「Windows8」が2023年1月まで（「8.1」への更新は必須）で、「Windows7」は2020年1月までです。

　まだ両方とも、当分の間は使い続けることができます。

　また、「Windows7/8」を導入してから、ようやく環境が安定してきたところというユーザーも多いと思います。

　そのため、「Windows10」がどうしても必要ではないという人は、あえて更新しないのも1つの選択肢です。

　その場合は、「Windows7/8」のサポート期間が終わるころに更新すればいいでしょう。

　おそらく、そのように考えているユーザーも多いはずです。

■　　　　「MS Office」はクラウドサービスを拡充

● スタンダードの地位は譲らない

　とりあえず、「Microsoft Office」(MS Office)を買っておけば無難という状況は、それほど変わっていません。

　仕事関連で「オフィス・ソフト」を使い、他のユーザーとファイルのやり取りが頻繁にあるなら、「MS Office」を選ぶべきです。

　ただし、他社製品と比べると、「MS Office」の価格は圧倒的に高価です。

　自分の作業目的に照らし合わせて、本当に「MS Office」が必要かどうか、熟慮してから購入を判断することが大切です。

＊

　「MS Office」では、「Office 2007」から「リボンUI」が採用され、見た目が変わっただけでなく、内部プログラムも刷新されています。

「リボンUI」の操作性についてはユーザーによって好みの分かれるところですが、ファイル操作など、内部プログラムの動作は非常にスムーズです。

「Office 2007」から採用された「リボンUI」

● Office 365 Solo

「MS Office」のサイトで、ひときわ目を引くのは、「Office 365 Solo」の価格の安さです。

「Word」「Excel」「Outlook」の3種が使える「Office Personal 2016」が直販価格で30,575円なのに対して、「Office 365 Solo」は12,744円となっています（価格はすべて税込）。

※ただし、これは「サブスクリプション」(利用期間に課金)のサービスで、12,744円というのは1年間の料金。

Office 365 Solo
(https://products.office.com/ja-jp/office-365-solo)

　とはいえ、上記3種のアプリの他に、「PowerPoint」「OneNote」「Publisher」「Access」「OneDrive(クラウド・ストレージ)」「Skype (毎月60分無料)」と、おまけの要素もたくさんあります。

　そのため、1年〜数年間に限定して、「MS Office」のすべてのアプリを使いたいような場合には、通常パッケージ製品を買うよりも費用を節約できるでしょう。

●「MS Office」バンドルのPCを活用

　また、「MS Office」がバンドルされているPCに買い換えるというのも1つの選択肢です。

　国内メーカー製のPCには、「MS Office」を標準搭載したモデルがたくさんあります。

　「MS Office」に数万円を払うことを考えると、「MS Office」付きのPCは意外とお買い得だと言えるでしょう。

　ただし、バンドルされた「MS Office」のライセンスは、他のPCでは使えないという制限があるので、その点だけは注意です。

その他の有償オフィス

● 一太郎

　ジャストシステムズの「一太郎」は、定番ワープロ・ソフトの1つでしょう。「一太郎」には、以下のような特徴があります。

・豊富な機能

　ユーザーの要望を取り入れながら、長年に渡って開発されてきた経緯があり、多彩な機能が盛り込まれています。

　ただし、長年のプログラムが積み重ねられた結果、「MS Office」と比較すると、全体的に若干動作が重くなっていることは否めません。

・「Atok」が付属

　日本語入力の定番ソフト「Atok」を標準装備しており、これを使いたいが

ために、「一太郎」を選ぶというユーザーもいます。

・高品質フォントが付属

　付属するフォントの種類はパッケージによって異なりますが、フォントメーカー提供の高品質フォントを利用できます。

・コストパフォーマンスが良い

　「MS Office」と比べて、だいぶ安い価格設定になっています。

● KINGSOFT Office

　「KINGSOFT Office」は、「MS Office」との互換機能を目指した、安価なオフィス・スイートです。

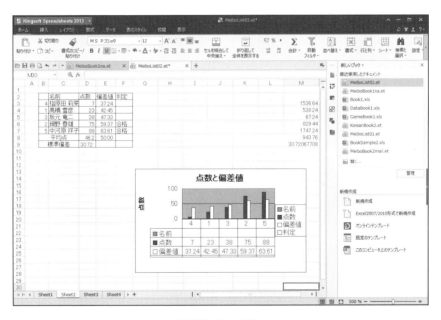

KINGSOFT Office

　価格は、「ワープロ」「表計算」「プレゼンテーション」の3つのソフトを使えて、5,480円（通常版価格）となっています。

　多少古めのPCでも操作感は軽快で、オフィススイートの基本を学びたいというユーザーにも向いていると思います。

■ 無償のオフィスソフト

　「無償Office」と言えば、その筆頭は「OpenOffice.org」(OOo)ですが、その開発プロジェクトは2011年に解散しました。

　その後の開発は、Apache(アパッチ)ソフトウェア財団の「Apache Open Office」と The Document Foundation(TDF)の「LibreOffice」に陣営が分裂し、それぞれの団体が開発を続けています。

　国内の自治体などに「OOo」の採用が広がり、大きな話題となったこともあり、一定のニーズはあるようです。

　「MS Office」とある程度の互換性もあるので、とにかくお金をかけたくないというユーザーであれば、充分に選択肢に入るでしょう。

　無料であるため、簡単に試すことができるのも、大きなポイントのひとつです。

LibreOffice

2-3 「持続性」を考えた拡張

■ PCの寿命は何年？

　最初に、PCの「持続性」とは、そもそもどの程度のタイムスパンで捉えるべきものなのでしょうか。

　たとえば、筆者が所有している「デスクトップPC」で最も古いのが、2008年に組んだ自作のMicro-ATX機です。

　初期の構成は、CPUに「Core 2 Duo E8400 3.0GHz」、GPUに「Radeon HD4770」の組み合わせ。当時としてはミドルハイの人気パーツによる無難なデスクトップPCでした。

　その後、GPUをファンレスの「Radeon HD5750」に交換し、ストレージ用の「3.5インチ2TB HDD」がエラーを出し始めたので、今年の夏に同容量の新品と交換して……といったメンテナンスを経て、「TV録画機＆ホームシアター用PC」として快調に動作しています。

　これは一例にすぎませんが、Blue-rayの再生や軽量級の3Dゲームをプレイする程度であれば、適度のパーツ更新をすることで、まだ2〜3年は現役で使えると思っています。

　つまり、2008年製の自作PCは、実質10年程度の寿命をもっている、ということができそうです。

　また、このようにパーツ単位で買い替えることが、PCそのものを買い替えるよりも安くすむことが、往々にしてあります。

　つまり、このような「持続性」を考えることも、低価格を追求する上で重要なことなのです。

■　偉大な「ATXフォームファクタ」

「BTOPC」を含めた「自作PC」の最大の利点は、「ATX」というフォームファクタ（構造規格）が、1995年の制定から20年を経ても変わらず現役である点にあります。

「自作PCの本体とは何であるか」と問われたら、詳しくない家族なら見慣れた箱、すなわち「ケース」のことだと考えるかもしれません。

しかし、自作した本人にとっては、PCの本体は拡張性や対応CPUの世代を決定づけるという意味で、「マザーボード」であると考えるのが普通でしょう。

「マザーボード」こそがPCの本体

つまり、「自作PC」の場合、「ドライブベイ」や「冷却ファン取り付け孔」などを豊富に備えたケースを用意しておけば、最新のパーツに交換するだけで、1台のPCを最新鋭の状態に維持することが可能だったことになります。

「超小型PC」を除けば、現在でも「ATXフォームファクタ」に代わる新規格が登場する気配はありません。

そのため、あと10年程度は、現役で活躍することも可能だと思われます。

■ 「拡張」と「更新」

「自作PC」のメンテナンスの中心となるのは、「拡張」と「更新」です。

●拡張

新しい機能が必要になったとき、または既存のパーツでは対応できない新規格を光学ドライブなどで使いたいときは、「拡張」で対応することになります。

以下のような、拡張機器と接続先インターフェイスの対応が、基本になるでしょう。

拡張機器と、その接続先

内蔵ストレージ	HDD、SSD	接続先→SATA （高速SSDならSATA3.0）
外付けストレージ	HDD、SSD	接続先→USB 3.0
内蔵RAID	RAIDボード	接続先→PCI-Express (x16)
光学ドライブ	Blue-ray	
マルチドライブ	接続先→SATA	
キャプチャなど	TVチューナ	接続先→PCI、PCI-Express (x1)
GPUなど	グラフィックボード	接続先→PCI-Express (x16)
インターフェイスなど	Bluetooth 無線LAN	接続先→USB
ペンタブレットなど		接続先→USB
カードリーダなど		接続先→USB
プリンタ・スキャナ		接続先→USB

注意したいのは、「PCIバス」に接続する機器です。

最新のマザーボードでは、「PCIバス」が割愛され、代わりに「PCI-Express (x1)」が搭載される設計が増えてきています。

将来、「PCIバス」接続のボードを拡張したい可能性がある場合は、マザーボードの購入時に、搭載の有無をチェックすべきでしょう。

● 更新

機能的に問題がなくても、PCを長く快適に使っていくためには、「CPU」や「GPU」の場合であれば性能向上、「HDD」や「光学ドライブ」などではデータ損失を防ぐための定期的交換といった、「更新」によるメンテナンスが必要です。

以降で、PCを長持ちさせるために有用な、各主要パーツにおける「更新」のポイントを挙げます。

・CPU

「CPU」を最新のものに更新できるかどうかは、「ソケットの形式」が対応しているかどうかにかかっています。

現在インテルの最新のソケットは、「第6世代 Intel Core プロセッサ」(Skylake)から採用された、「LGA1151」ソケットです。

なお、ひとつ前のソケットとなる「LGA1150」は、第4世代「Haswell」から第5世代「Broadwell」まで、期間にして約2年間、最新のソケットとして利用されてきました。

これに倣うなら「LGA1151」についても、2年は最新CPUとの交換が可能でしょう。

「CPUソケット」は、新アーキテクチャとそのシュリンク版の2世代は、同一に保たれると見ても問題ありません。

つまりソケットの形状が変わる際に「マザーボード」と「CPU」を新調するのが、もっとも賢い選択だと言えそうです。

・GPU

「GPU」は、最新ゲームをやらない限りは、基本的に10年ぐらいは交換不要のパーツだと言えます。

「動画編集」や「GPGPU」といったグラフィック処理能力、計算力が、直接作業効率に影響する用途であれば、交換する必要も出てくるでしょう。

しかし、日常使用に限れば「Blue-ray 3D」への対応ぐらいしか、買い替えのモチベーションになるほどの技術革新は起こっていません。

ひとつだけポイントを挙げるとすれば、「プロセスルールの微細化」と「アーキテクチャの進歩」にともなって、同一性能でも消費電力の削減が進んでいる点です。

これは、「TDPの低減」という数字に現われますが、自作機においては省電力化以上に、「発熱の減少」という恩恵のほうが大きいでしょう。

ファンレスのグラフィックボードに交換しつつ、性能も微増、機能も追加といったことが期待できるので、予算に余裕があれば随時新製品をチェックするのもお勧めです。

・HDD

「HDD」の更新は、もっとも厄介な問題です。

自分で撮った写真や動画など、失ったら取り返しの付かないデータを保存するならば、定期的に「光学ディスク」などへのバックアップを行なうか、「RAID」を組んで耐障害性を物理的に確保する必要があります。

しかし、一般ユーザーがそこまでするのは、少し荷が重いところなので、少しでもエラーが出てきたら、即座に交換するといった運用が、穏当ではないでしょうか。

交換後の「HDD」の取り扱いですが、データのコピーが終わったら、もったいないようでもすぐに処分することをお勧めします。

というのは、「2TB」などの「大容量ストレージ」があると、ついつい手軽な「外付け用アダプタ」などを使って利用したくなってしまいますが、これは想像以上に危険だからです。

エラーチェックをしてみると問題がなかった、そこで手軽な「外付け大容量ストレージ」として利用していたら、ある日突然クラッシュ……といったことも少なくないので、消えてもいいデータ以外には使わないほうがいいでしょう。

・光学ドライブ

　「光学ドライブ」も、Blue-ray世代のマルチドライブであれば、基本的には買い替えの必要が現時点ではないでしょう。

　「Blue-ray 3D」への対応についても、物理フォーマット自体には互換性があるので、読み込み速度さえ充分であれば、基本的にそのまま再生することが可能です。

　「更新」とは関係ありませんが、長持ちさせる秘訣としては、できれば定期的にドライブを使うことです。

　精密機器に頼った機器なので、回転部と光学系の駆動部分は、あまりに長期間動かさずにいると、かえって動作不良を起こしやすくなります。

　また、「ディスクトレイの開閉」も単純な機構のはずですが、しばらく使わないでいると重くなったり、ボタンを押しただけでは閉まらなくなったりするなど、"なまり"というような現象が起こることがあります。

■　「データ保存領域」を外部に置く

　モバイル端末などを含めた、複数のPC利用環境を考える場合、別途「データ保存用のサーバ」を検討する価値が出てきます。

　必要とする容量がさほどではなく、かつ通信速度の要求が高くないならば、普及が進んだ「クラウド型のストレージ」を利用するのもひとつの方法です。

　ただし、インターネットの接続回線がいくら高速化したとしても、まだまだ「ローカル・ドライブ」、および「NAS」(ローカル・ネットワーク)に敵うものではありません。

　「クラウド・ストレージ」を安全かつセキュアな永久保存先として選べる環境が整っても、充分なアクセス速度を維持した「大容量ストレージ」は、必要不可欠でしょう。

＊

　「ローカル・ネットワーク」上の全端末から高速アクセス可能なストレージを、安価かつ手軽に構築できる点で、「NAS」は魅力的です。

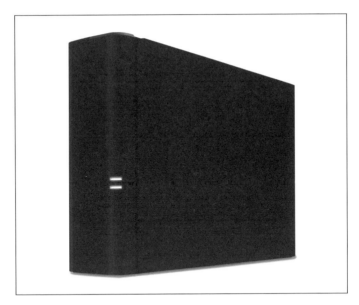

「NAS」は、「データ保存サーバ」として有能

　コンシューマ向けの「NAS」でも、「RAID」による高速化、および冗長化構成をサポートする製品も少なくありません。

　また、「ARM」のCPUを搭載した立派なコンピュータなので、上級者には「Linux」などの軽量ディストリビューションをインストールして、各種サーバとしても運用している人も少なくないようです。

■ ヒューマン・インターフェイス

　コンピュータとしてのPCは、ここまで触れたパーツで基本的に完成ですが、実際に私達が使う上で欠かせないのが、「ヒューマン・インターフェイス」(ユーザー・インターフェイス)です。

　「キーボード」と「マウス」といった最小構成に、必要に応じて「ペンタブレット」「タッチパネル機能」などを追加していくことになります。

　必要とする通信速度が限られているため、接続端子は基本的に「USBポート」で足りると言えるでしょう。

● キーボード

「キーボード」選びには大きく分けて、2つのアプローチがあります。

①「一生ものレベル」を選んで長く使う。
②「使いやすそうなもの」「流行りもの」を定期的に買い換える。

PCの値段が数十万円だった昔は、基本的に①のアプローチが一般的でした。

「一生もののキーボード」と言えば、静電容量無接点方式、その頂点にあるのが「東プレRealforce」である、というのは20年以上続くPC界の常識といったら言いすぎでしょうか。

価格こそ15,000円以上ですが、これ一台で一生使えるなら、安いものだと思います。

「Realforce」（東プレ）
「静電容量無接点方式」と言えば、このキーボードと言われていた。

＊

一方の②は、要するにガジェット好きにお勧めのアプローチです。

Amazonのキーボード売り場を見るだけでも、数千円の値段で、「ワイヤレス」から「エルゴノミクス」「イルミネーション付き」「ウォッシャブル」など、多彩なデザインと機能を備えたキーボードが見受けられます。

　毎日手で直接触るデバイスだけに、安価なものは経年劣化も汚れも激しいですが、そこはそれ、気分転換を兼ねて、気軽に買い換えるのもいいのではないでしょうか。

● マウス

　「マウス」選びのアプローチについては、最も個性が出る部分でしょう。

　筆者自身、これまで10,000万円以上するワイヤレスから、オモチャのようなモバイル用まで、20以上のマウスを使ってきました。

　しかし、値段と無関係に、最初は気に入っていたのに気づくと使わなくなってしまったり、逆に古いマウスを使ってみたら妙に手に馴染んだりと、正直安定しません。

　では何でもいいのかと言えば、「光学式の読み取り部」と「マウスパッド」の相性が悪かったりすると、まったくストレスで使いものにならないといったことも起こります。

＊

　ひとつだけ言えるのは、マウスはそもそも安い上に、必ずしも「安かろう悪かろう」ではないということです。

　筆者が現在使っているのは、「ロジクール ワイヤレスマウス シルバー M235rSV」なのですが、1,000円程度の製品であるにもかかわらず、非常に快適に使えています。

　安価な製品でも、充分な満足感が得られる以上、「一生もののマウス」を探すよりも、「Web上で評判の良いもの」を折に触れて試してみる、というのがいいのかもしれません。

　つまり、「キーボード」における②のアプローチが、「マウス」においては正解になりそうです。

ワイヤレスマウス「シルバー M235rSV」(ロジクール)

● 液晶ディスプレイ

ディスプレイが「ブラウン管」から「液晶」に全面的に移行して、そろそろ15年ぐらいになります。

着実に進歩を続けてきた「液晶パネル」は、モバイルデバイス向けによる微細化の進展によって、新時代を迎えつつあるように思います。

2010年の「地上波デジタル放送」への完全移行は、「フルHD解像度テレビ」の普及と同時に、「液晶ディスプレイ」の高解像度化も促しました。

21型ワイド程度のデスク上に手軽に設置できる「液晶モニタ」でも、「1920×1080ドット」の「フルHD解像度」をもつのが普通になり、ノートPCでも「フルHD液晶」搭載の機種が少なくありません。

そして現在では、コンパクトながら「4K解像度」をもつ「液晶ディスプレイ」が普及しつつあります。

*

これまでの高解像度の「小型ディスプレイ」においては、精細度が向上する代わりに、文字サイズが同時に小さくなってしまうことが問題でした。

かつてアップルコンピュータが唱えた「WYSWIG※」で標準とされた画面解像度は、「72ppi (pixel per inch)」でした。

※「What You See is What You Get」の略。ディスプレイ表示と印刷結果が、同一サイズになることを目指すインターフェイス。

それが今や、24型ワイドで「4K解像度」を実現するようになると、その画面解像度は「185ppi」と3倍近くになり、同一のドット構成の文字は約3分の1に縮小表示されることになります。

ColorEdge CG248-4K (EIZO)
「4K解像度」に対応する液晶ディスプレイ。

しかし、OSやブラウザの表示サイズの考え方が、「スマートフォン」や「タブレット」の普及に伴って、「マルチ解像度対応」となってきた現在では、字の大きさはそのままに、より高精細な表示にすることも可能になってきています。

したがって、「小さい字は読みづらい」といった心配なしに、高解像度なディスプレイを選ぶことが可能なってきたのです。

*

また、「液晶ディスプレイ」は、パネル面の破損などさえなければ、バックライト以外の部分の耐久性は半永久的です。

　従来の冷陰極管などのバックライトは発光ムラなどの経年劣化が避けられませんでした。

　しかし、「LED化」が進む現在のディスプレイは、電気的、物理的な故障さえなければ、高い耐久性を備えていると見ていいと思います。

　次世代の「8K解像度」「スーパーハイビジョン放送」の開始は、2018年に前倒しとなったとはいえ、まだまだ先のこと。

　当面は、「4K解像度」があれば、充分に長持ちする「ディスプレイ」選びということになりそうです。

2-4　長持ちする「インターフェイス」

■　変化するインターフェイス

　かつてはノートPCの「インターフェイス」と言えば、「PCカードスロット」に「機能拡張カード」を挿すことを意味していました。

　「PCカード」は、もともとは、「電子手帳」向けの規格として始まり、1990年代にPC用として利用されるようになります。

　規格も統一され、さまざまなインターフェイスをつなぐのはもちろん、ストレージや通信カード、ネットワーク、マルチメディアなどさまざま用途において利用されていたのです。

　「PCカード」の「インターフェイス」の利用だけ見ても、「SCSI」や「ATAPI」にはじまり、「RS-232C」「GPIB」「wSATA」「USB」「IEEE1394」と多様でした。

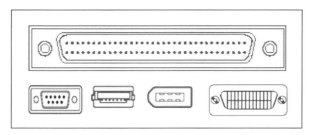

さまざまなインターフェイス例

　「SCSI」を「スカジー」と読むことさえピンとこなかったり、聞いたことも
ないインターフェイスがあったりしたかもしれませんが、当時はそれぞれ、
メーカーや用途によってインターフェイスが異なっていたため、当たり前
に乱立していました。

　しかも似たような形状をしているため、間違っていても無理に装着しよ
うとして、ピンを折ってしまうというようなこともしばしば。互換性のこと
など、まともに考えられてもいなかったのです。

＊

　このなかで、もっとも規格として統一感をもち、結果的に広く普及して
いったのが、「USB」でした。

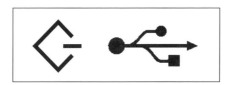

「SCSI」(左)と「USB」(右)のロゴ

■ USB規格

　「USB」は、その名前が「ユニバーサル」な「シリアル・バス」の略語である
ことからも分かるとおり、非常に汎用性の高いインターフェイスです。

　「USB」は、1994年に、マイクロソフトをはじめとしたIT大手7社が共同
で開発を開始され、1996年に最初に規格化されました。

以降の「USB」のバージョンの変遷は、次の表のようになっています。

「USB」のバージョンの変遷

発表	Ver.	転送速度	特　徴
1996	v.1.0	12Mbps	
1998	v.1.1	12Mbps	電源管理の改善
2000	v.2.0	480Mbps	高速モード、給電能力の追加
2008	v.3.0	5Gbps	ピンやコネクタ形状の変更
2013	v.3.1	10Gbps	大容量転送に対応

　いまでこそ「USB」が当たり前にPCのインターフェイスの中心の座を占めていますが、当初はそうではありませんでした。
　アップル社をはじめAV関連機器が転送速度で勝っていた「IEEE1394」を推進していたこともあり、10年近くのあいだ、インターフェイスの乱立期が続いたのです。

　ようやく落ち着いたのは、「Windows」と「Mac」が「USB」を主流にしていった2000年代に入ってからです。
　また、「USB2.0」の時点で「給電能力」が加わったことによって、「扇風機」や「照明」など、本体に電源を組み込まない「アクセサリ機器」も登場して用途が広がったことが後押ししました。

　そして「USB3.1」に至っては、「転送速度」の点でも汎用性が高まり、ケーブルのインターフェイスは完全に「USB」に集約されたと言えるでしょう。
　少なくとも「USB3.0」以上を搭載しておけば、しばらくの間は、端子類で困ることはなさそうです。

Wi-Fi規格

現在、インターフェイスは、「USB」のようにケーブルとコネクタを使うものだけでなく、「無線」による接続も増えています。

こちらもいろいろな規格が乱立してきましたが、特に圧倒的にリードしたのが「Wi-Fi」です。

＊

「Wi-Fi」は、1997年に「IEEE」という家電業界の団体が、さまざまな機器が相互に無線でつながることを目指して標準化を開始して用いられるようになりました。

これまで段階的に規格を策定してきており、「IEEE802.11b」(以下「IEEE802.」を略して表記)をはじめ、「11a」「11g」「11n」「11ac」「11ad」といった規格が登場しました。

「Wi-Fi」の主な規格

規　格	策定時期	周波数帯	最大速度
IEEE 802.11b	1999年10月	2.4GHz	11Mbps/22Mbps
IEEE 802.11a	1999年10月	5GHz	54Mbps
IEEE 802.11g	2003年6月	2.4GHz	54Mbps
IEEE 802.11n	2009年9月	2.4GHz/5GHz	600Mbps
IEEE 802.11ac	2014年1月	5GHz	7Gbps
IEEE 802.11ad	2013年1月	60GHz	7Gbps

一見すると単一のインターフェイスのように見えますが、現在6つの規格が併存しているとも言えます。

ただし、かつてのコネクタのように、物理的な形状が異なるわけではないので、接続時における混乱はそれほどないでしょう。

＊

なお、現在注力されているのは、「ギガビット」レベルでの転送です。

これが一般化すると、充分に有線によるインターフェイスの主流である「USB」と肩を並べることになります。

また、「Wi-Fi」で使われる周波数帯域については、「2.4GHz」が主軸となっ

ていますが、利用者が増えるにつれ、次第に混み合うようになってきました。

そのため、現在は「5GHz」やさらには「60GHz」をも活用することで、他の機器との干渉を避けることが考慮されています。

なお、「Wi-Fiルータ」には、上記規格の対応が記載されているほか、メーカー独自の技術が用意されていることが多く、それによって最大速度や利用環境に違いが出てきます。

当然、性能が良いものほど、価格も高くなる傾向があるので、自分の利用環境や、必要な速度などを吟味する必要があるでしょう。

WXR-2533DHP2(バッファロー)
スマホなどの移動する機器に対して、安定した通信速度
を提供する「ビームフォーミング機能」を搭載。

■ Bluetooth規格

大枠で言えば、有線ならば「USB」、無線ならば「Wi-Fi」というのが、当面のインターフェイスの主流となることは間違いありません。

しかし、「Bluetooth」に「BLE」という新たな規格が登場したことによって、インターフェイスの棲み分けにも大きな変化が起きています。

　「Bluetooth」も、「Wi-Fi」と同じように「IEEE 802.15.1」という別の名前をもっており、さまざまな大手メーカーによってつくられたデジタル無線通信の規格の1つです。

　「Bluetooth」の特徴としては、

・「Wi-Fi」よりも短距離（1～10m）で使われる
・ネットワークというよりは親器と子機（周辺機器）の関係になっている
・消費電力が小さい
・それほど通信が高速ではない（最大24Mbps）

といった点が挙げられます。

　具体的には、

「PC」と「マウス」「キーボード」「スマホ」「ヘッドセット」間の、無線によるインターフェイスとして使われている

とまとめることができます。

＊

　一部の「Wi-Fi」の規格と同じように、「2.4GHz帯」を使っており、他の機器による通信との干渉が懸念されるところです。
　「Bluetooth」はこの問題を、数多く用意されたバンドの中から巧みに空いているところを随時探し出してやり取りする「周波数ホッピング」によって解決しています。

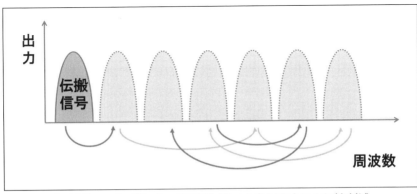

「周波数ホッピング」によって周波数を次々と変えることでノイズを削減

つまり「Bluetooth」は、常に接続状態にある周辺機器とのインターフェイスとして、「Wi-Fi」とは別の用途で用いられてきたのです。

●「BLE」の登場

ところで「Bluetooth」は、主に子機が「小型電池」(ボタン電池など)を使っているため、電池の寿命を1年以上に伸ばす必要に迫られ、当初はノキアが開発していた通信技術を新たに引き込んで、2010年に「BLE」(Bluetooth Low Energy)を「Bluetooth 4.0」規格の一部として策定しました。

これによって、従来の「Bluetooth」の消費電力と比べるとおよそ1/3程度となり、周辺機器は数年間そのまま動作ができるようになっています。

*

なお「BLE」には、従来の「Bluetooth」との互換性のある「SMART READY」と、「SMART READY」との互換はあるものの後方互換がない「SMART」の2種類があります。

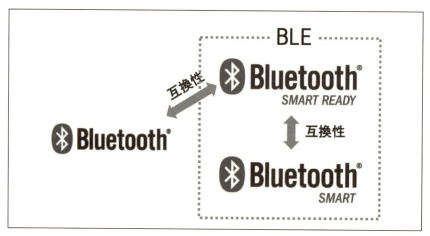

それぞれの規格の関係

「BLE」はこれまでの「Bluetooth」よりも一気に利用範囲が拡大し、健康管理やスポーツ、フィットネスをはじめ、さまざまな器具に利用されはじめています。

「PC」や「スマホ」が、それらの「コントローラ」となったり、「データ集積」のためのインターフェイスとして利用されています。

なお、「Bluetooth」に対応する「マウス」「キーボード」といった機器は、有線（USB）接続のものと価格的にはそう変わりません。

そのため、インターフェイスで選ぶよりも、その機器そのものが自分にとって使いやすいかどうかで選ぶのがいいと思います。

*

以上のように、これからのインターフェイスは、「USB」と「Wi-Fi」、そして「Bluetooth」が長らく競合しながらも共存していく形になるでしょう。

それらをうまく使い分けていくのがベターな選択だと言えそうです。

Column インターフェイスと給電

インターフェイスの大きな流れとしては「無線化」が今後も進むことは自明ですが、「給電」という課題が残されています。

*

前述したように「USB」も当初は「給電機能」がありませんでしたが、「USB2.0」において可能になりました。

そのため、面白グッズのように「扇風機」や「照明」「クリスマスツリー」などのUSBアクセサリが多数登場しました。

また、「小型スピーカー」のような周辺機器の電力供給のほか、「携帯ゲーム機」や各種「携帯プレイヤー」などの「充電」にも「USBケーブル」を使用するケースが増えており、それなりに実用性が高まってきています。

また、携帯機器の「ACアダプタ」は、各種で形状が異なり、汎用性が低い場合が多いです。

これをすべて「USB」で統一すれば、「USBケーブル」1本で、いろいろな機器の充電ができて、とても便利になります。

そのなかで現在注目されているのが、「USB PD（パワー・デリバリ）」です。

　「USB PD」は、従来のUSB機器をそのまま使いながら、いままで以上の電力量で給電が可能になるというものです。

　従来の「USB」と、「USB PD」との給電力の比較は、次の表のようになります。

	電　圧	消費電流	消費電力
USB2.0	5V	0.5A	2.5W
USB3.0	5V	0.9A	4.5W
USB PD	5V	0.9A	4.5W
	12V	3A	36W
	20V	3A	60W
	20V	5A	100W

　「USB PD」は最終的には、「周辺機器」の「ACアダプタ」を不要にするかもしれません。

＊

　もちろんBluetooth側も負けてはおらず、無線給電の方向性を模索しています。

　代表格は、すでにスマホで利用されている「非接触型給電」の標準規格である「Qi」(チー)です。

　その応用例としてスマホの充電機やBluetoothスピーカーも登場しています。

2-5　「クラウド」の賢い利用方法

■　「ネット」と「PC」の関係

まず、最近の「低価格PC」は、「クラウドを利用すれば高機能」という前提で作られていると言っていいでしょう。

たとえば、2007年ごろから2～3年の間人気を博した「ミニPC」は「ネットだけなら、これで充分」と賞賛されました。
この「ネットだけ」とは、「Web閲覧」と「メール」のことでした。

その後の2011年にグーグルが発表した「Chromebook」は、機能のほとんどは「ブラウザ」だけで、ストレージもアプリもすべて「インターネット経由」で利用する仕組みです。

> ※ただし、発表当時は「ネットにつながらなければ、何もできない」という不安が先行した。

*

時代が進むとともに、「Wi-Fiサービス」など、外出先でもインターネットを利用できる機会が増え、「すべてをネット上で利用するPC」も現実的になりました。

しかし、もっと大きな変化は、「PCの使用」が、そもそもネットなしには成立しない状況になってきたことでしょう。

「Gmail」「Twitter」「Facebook」「YouTube」など、よく利用されるアプリは、すべてネット依存です。
また、「Office」や「Adobe製品」なども「クラウド化」への移行に踏み切りました。

前述した「Chromebook」も欠点がなくなり、「低価格」の魅力が際立つものとなっています。

改めて「クラウド」とは何か

●「クラウド」だからできるネット作業

現在、「クラウド」と呼んでいる概念は、2006年にグーグルのCEOである、エリック・シュミット氏が提唱したものです。

具体的には、「多数のサーバをインターネット越しに連携させる技術」であり、特に「低コストで高度な機能をユーザーに提供する利点があるもの」とされています。

ユーザー側から言えば、ネット上で作業することで、価格または手間において大きく改善されたのが「クラウド」だと言えるでしょう。

「Chromebook」のような低価格PCでは、「クラウド」を利用することで外部記憶容量などを小さくできるだけでなく、ソフトの開発コストも抑えることができます。

*

では、どのような「クラウドサービス」を利用すれば、PCを低価格ながら便利に使えるかについて、例を見ていきましょう。

クラウド・ストレージ

● Google Drive

「Google Drive」は15GBまでなら無料で利用できる、ストレージのサービスです。

グーグルが開発しているため、たとえば、「Gmail」を使っているなら、添付文書をそのまま「Google Drive」に保存できといったように、他のグーグル・サービスとの親和性が高いという便利さもあります。

少し面倒なのは、「Gmail」や「Google+」での使用データ量とひっくるめて15GBまでというところでしょう。

添付されてきた写真を、「Google Drive」に保存

● マイクロソフトOneDrive

　マイクロソフトの「OneDrive」は、「MSアカウント」で登録します。

　「MSアカウント」は、「Windowsメール」以外のアドレスでも登録できるので、複数のストレージを使うことが可能です。

　無料で使えるストレージ容量は、1つのアカウントにつき「5GB」、「Webブラウザ」からの作業に加えて、WindowsやMacでは、「専用アプリ」も用意されています。

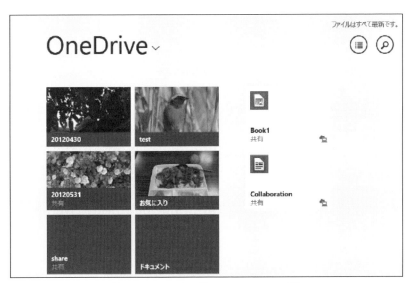

「Windows8.1」の「OneDrive フォルダ」
(https://onedrive.live.com/about/ja-jp/)

　なお、「Windows8」以降では、「OneDrive デスクトップアプリ」が最初から
ついてきますが、これは「MSアカウント」でOSにログインしなければ使え
ません。

　ローカルアカウントでWindowsを使う場合は、「OneDrive」はWebブラ
ウザ経由で使う必要があります。

● Dropbox

　「Dropbox」も、人気の高いクラウド・ストレージです。

　無料で使えるストレージ容量は「2GB」とやや小さいのですが、「デスク
トップアプリ」や「クラウドアプリ」で「Dropboxに保存」というオプション
を備えているなど、連携のしやすさが好まれています。

「Dropbox」をWebブラウザ上で使用
(https://www.dropbox.com/home)

　問題は、他のストレージと兼用する場合です。

　いろいろなアプリと「Dropbox」の連携が良すぎて、データが予期せず「Dr
opbox」に保存されることがあります。

このような場合は、「デスクトップアプリ」や、他のアプリの「Dropbox設定」を確認してください。

クラウドオフィス

● 「OneDrive」で使えるオフィス

マイクロソフトのOffice文書を「OneDrive」上で共有しておくと、他のどのPCからも、ブラウザで使えるオフィスツールで、ある程度の編集が可能です。

また、ファイルを新規作成することもできます。

「OneDrive」上でオフィスツールを使う

● 「Google Drive」で使えるオフィス

「Google Drive」にも同様に、「ワープロ」「表計算」「スライド作成」のツールがあります。

「Google Drive」にもオフィスツールが備わっている

*

　どの「オフィスツール」も、製品版ほどの作業は無理ですが、文章を書くなどの単純な編集であれば、これでも充分な機能をもっています。

その他のクラウドアプリ

● Pixlr

　「Pixlr」(ピクスラー)は、「AutoCAD」を製造販売しているオートデスク社が提供する、画像処理サービスです。

　高機能な上、特筆すべきは、Webブラウザ上であればユーザー登録をしなくても使えるという点にあります。

「Pixlr」で、写真に描画やテキストを加えているところ
（https://pixlr.com/）

● Cloud9 IDE

　ブラウザ上のエディタでプログラムを書き、ツールボタンを操作して動作確認できる、「オンラインIDE」というものもあります。

　とりわけ、「HTML＋JavaScript」をはじめとする、「スクリプト・プログラミング」に適しています。

　その中でも有名なのは、「Cloud9 IDE」でしょう。

「Node.js」や「HTML5」「PHP」「Ruby」「C/C++」など、多数の言語の開発に対応しています。

「Cloud9 IDE」でWebアプリを作成
(https://c9.io/)

また、「IDE」という扱いではないようですが、マイクロソフトも「VS Code」という「オンライン・エディタ」を公開しています。

「VS Code」は、オンラインで使える「テキスト・エディタ」
(https://www.visualstudio.com/ja-jp/products/code-vs.aspx)

113

■　「クラウド」の使用上の注意

●　大事なファイルは置かない

　「クラウド・ストレージ」には、流出すると困る内容のファイルを置くべきではありません。

　また、諸事情でファイルそのものが消失する危険性も、念頭に置いて使ってください。

●　サービスの提供元を確認する

　Web上のサービスを利用するときは、提供元が信頼できるか、他のユーザーの評判はどうかなど、よく調べてから利用するかどうか決めるようにしましょう。

2-6　「モバイル」との連携

■　「モバイル」と「PC」の密接な連携

　「PC」や「モバイル」(スマホ、タブレットなど)は、低価格化が進み、あらゆる多くの場所で利用されています。
　利用の形態も"単体"から"連携"が重視されるようになりました。

　そういった中でネットワーク接続、いわゆる「クラウド」による「PC」と「モバイル」の連携重要になっています。

　たとえば、PC上から「クラウド」を使って同期した情報やファイルは、モバイルからでも素早くアクセスできます。
　また、簡単な編集であれば、モバイル機器でも引き継ぐことが可能です。

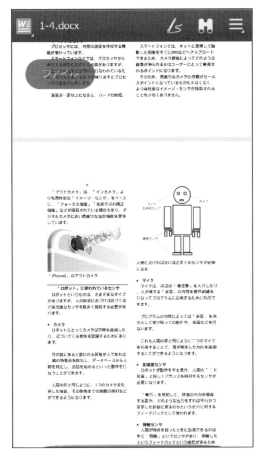

スマホから「クラウド・ストレージ」にあるファイルを開く

■ ネットワークは「テザリング」でつなぐ

　「PC」が「クラウド環境」になると「ネットワーク」への接続が必須になります。

　「クラウド機能」は、基本的にOSの標準機能として組み込まれているため、「ネットワーク」につながらないような外出先では使えない機能もあります。
　そこで使われるのが、「テザリング」です。

テザリング設定

　これを使えば、モバイル機器で受信した「LTE」などの電波を、「Wi-Fi」や「USB」といった別の通信方式に変換することで、電波が入る限り「クラウド」と接続することが可能です。

＊

　注意すべき点として、「ソフトウェア・アップデート」や「動画再生」などで、「パケット通信量」が多く発生した場合に、すぐに回線の通信量の上限に到達し、速度制限されることが挙げられます。

＊

　また、「テザリング」は、携帯キャリアの契約プランによっては、別途料金が必要になる場合もあります。

■　「ノートPC」よりも安い「タブレットPC」

　低価格な「Windows タブレット PC」の登場は、PCのあり方を変えています。

　Windowsを搭載した「タブレット PC」は、一般的な Windows向けのソフトの多くが動作するにもかかわらず、2万円台で購入できるものもあるなど、非常に安価です。

「Surface Pro 4」(マイクロソフト)

　しかし、「タブレット PC」と比較される「ノート PC」の立場がなくなった
かといえば、そうではなく、逆に「ノート PC」のほうが有利な場合も多くあ
ります。

　たとえば、「タブレット PC」には「キーボード」や「トラックパッド」がな
いという点などです。

■　「ノートPC」が「未だに有利」と考えられる理由

　「Windows 8」以降、「スマホ」の OS に対抗するため、「タッチ操作」を標準
としたユーザー・インターフェイスが全面に押し出され、大きく操作性が変
更されました。

　あまりにも大きく変わりすぎたために、ユーザーからの批判もあり、「Win
dows 8.1」では「マウス」と「キーボード」への対応が強化されることになり
ました。

＊

　「Windows」では、基本的には「Windows 向けソフト」の利用を目的とす
ることが多く、それが動作するのは「デスクトップ環境」です。

　しかし、「デスクトップ環境」は「タッチパネル」での操作には向かないのです。

　現在の「スクリーン・キーボード」は、打ち間違えやすく、画面の半分を占拠してしまうという問題があり、「選択肢」なども従来のソフトではタッチで的確に選べないということがあります。

　本来はこれらの入力を劇的に改善する何らかの「発明」が起きることが望ましいのですが、少なくとも現時点では、「タブレットPC」が「ノートPC」の代わりになることはないと言えます。

＊

　一方で、「タブレットPC」は「閲覧」用のマシンとしては最適であり、PC向けの「ウェブサイト」が「Flash」を含めてほとんどそのまま閲覧できるなど、大きな強みもあります。

　また、小型かつ軽量な筐体であるので、持ち運びしやすい「デモンストレーション」用のマシンとしても利用できます。

■　使い捨て時代の「ノートPC」

　「タブレットPC」が安価で手に入る一方で、「ノートPC」の周辺環境も著しく進化を遂げています。

　CPUの動作周波数はあまり変わらないものの、「薄型化」「高速化」「ロング・バッテリ」など、あらゆる機能が向上していて、より快適な環境になりつつあります。

　CPUの開発ロードマップなどを見る限り、これからもあらゆる部分が大きく変化していくことが予想され、現時点で高価な最先端のマシンを購入したとしても、数年後には安価なマシンと同程度のものになる可能性もあります。

＊

　また、「SSD」の低価格化や「USB3.1」の「Type-Cコネクタ」など、これから普及する新しい規格が多数あるのも、考慮すべきポイントです。

　交換できないような部品が高性能化したり、コネクタ規格が新しくなっ

たりということは、環境が大きく変化する可能性があることを意味しています。

このような時代に「ノートPC」を選ぶには、何年かで使いづらくなることを想定して、どの程度のクラスの製品が自分にとって最適かを考えつつ、検討するのがいいと思います。

■ 「Windows10」に見る、これからの「モバイルとPC」

「Windows 8」で行なわれた「スマートフォンOS」への対抗策は成功したとは言えず、方向転換を余儀なくされました。

しかし、「タブレット」や「スマホ」などの「モバイル」が主流になる流れは止められません。

*

マイクロソフトもこれからの時代を見据えた開発環境の整備をしています。それが「ユニバーサルWindowsアプリ」(UWPアプリ)です。

「UWPアプリ」は、1つのコードで、「モバイル」「タブレット」「デスクトップ」「大画面」などのさまざまな画面サイズに最適化したインターフェイスを提供できます。
そして「iOS」や「Android」といった、OSが異なる端末など、あらゆる環境で動作するアプリケーションが生成できるようになります。

※UWPアプリはWindowsストアからダウンロードする形式をとっている。

この開発環境では、開発者が移植する手間を少なくするだけでなく、「Windows10」に最適化されたアプリケーションとしても同時に提供することが可能になるのです。

この仕組みが多くの開発者に浸透すれば、成熟して停滞してしまったWindows向けの開発が再び行なわれるようになり、いろいろなアプリがWindowsストアで提供されるようになるかもしれません。

第**3**章

「PC」「スマホ」を使いやすくする

「UI」(ユーザー・インターフェイス)は、「PC」や「スマホ」を使いやすくする上で、特に基本的なカスタマイズ項目です。
根本的な操作を行なう「UI」を便利に使えるようにするだけで、いろいろな作業がはかどることは間違いありません。

3-1　「入力デバイス」のUI

■ いまだに大事な「キーボード入力」

●基本かつ深いこだわりをもてる「入力デバイス」

コンピュータの「入力デバイス」には、さまざまな機器があります。

特に最近は、「スマホ」や「タブレット」などの台頭によって、新たな入力デバイスの模索が活発に行なわれてきたと言えるでしょう。

ただ、そのような中にあって、いまだに入力デバイスの主役として君臨し続けているのが、「キーボード」です。

やはり文字の入力効率において、「キーボード」を超える機器はそうそうありません。

＊

「キーボード」は、コンピュータの最も基本的な入力デバイスであると同時に、打ち心地を追求する "キーボード・マニア" といったユーザー層も少なくない周辺機器です。

そこで、まず手始めに、この最も基本的な「キーボード」という入力デバイスについて、改めて考えていくことにしましょう。

●130年以上変わらない「キー配列」

現在、広く使われている「キーボード」は、そのキー配列から「QWERTY（クワーティー）配列キーボード」と呼ばれています。

このキー配列は、1882年に発売されたタイプライターで完成したもので、その歴史は130年以上に及びます。

＊

「QWERTY配列」誕生については、諸説ありますが、よく聞かれるものとしては、「タイプライターの印字アームが絡まないように、わざと打鍵速度を落とすような配列にした」という説です。

そして、セールスマンが「TYPE WRITER」という文字を打ち込みやすいように、キーを1列に揃えたという説が有名です。

ここに「QWERTY」が並ぶから「QWERTY配列」

●「QWERTY配列」の効率

このような「QWERTY配列」誕生の諸説を聞いていると、どうもこのキー配列は効率については、あまり考慮されていないのでは、という印象を受けます。

タイプライター黎明期には、「QWERTY配列」以外のキー配列も存在しており、「QWERTY配列」よりも効率的な入力が可能だったのではないか、という見解もあるようです。

実際、「QWERTY配列」の効率がいちばん良いという確固たる根拠はないようです。

普及の背景には、当時の業界大手企業が示し合わせて多くのタイプライターに「QWERTY配列」を搭載し、"教習で使うのも「QWERTY配列」だから"といった具合にユーザーへ"刷り込み"を行ない、デファクトスタンダードの座を獲得したと考えられています。

●「日本語入力」での問題点

さて、どうやら私達が慣れ親しんでいる「キーボード」は、効率の点においてあまり良いものではなさそうだという話が見えてきました。

ここで、さらに「日本語入力」についても考えていくと、もっと悲惨な結末へと辿りつきそうです。

*

たとえば日本語入力の場合、一般的には次のいずれかの手段を用います。

・ローマ字入力

・かな入力

「ローマ字入力」については、そもそも「QWERTY配列」による英字入力の効率性が疑問視される中、それを流用しただけの「ローマ字入力」が、効率が良くなるとは到底思えません。

　一方、「かな入力」は、キーボードに刻印された「JIS配列」のかな文字を用いて日本語を直接入力する方式です。

「JIS配列」は50音の行ごとに「かなキー」が集められていて、一見扱いやすそうに見えます。

　しかし、キーボードの端に飛び石のように配置されているキーもあり（しかも、その配置には特に根拠がなく、デタラメだとされている）、効率について考え抜かれたキー配列ではない、と言われています。

キーボードの端に追いやられた「かなキー」がいくつかある

　なお、ここで言う「効率」とは、「入力の速さ」や「疲労の少なさ」を意味しますが、いずれにおいても現在の「キーボード」は、最適解ではなさそうです。

　また、もっと効率の良い日本語入力を目指して、「親指シフト配列」や「新JIS配列」といった方式も登場しています。しかし、一部ユーザーの支持を集めるに留まり、主流にはなれませんでした（「新JIS配列」は廃止された）。

＊

　このように効率面では決して良くない「QWERTY配列キーボード」ですが、それでも多くの人がいちばん使いやすいと思っています。

　"刷り込み"と"慣れ"について、考えさせられる一面です。

■ ソフトウェア・キーボード

● 「スマホ」や「タブレット」の標準入力デバイス

　「ソフトウェア・キーボード」は、主に「スマホ」や「タブレット」など、「タッチパネル」を備える携帯端末で利用する、「文字入力デバイス」です。

　「ソフトウェア・キーボード」は、「仮想キー」のレイアウトや入力方法の違いで、おおまかに次のように分類されます。

・QWERTY配列

　画面上に「QWERTY配列」のキーボードを映し出し、実際のキーボードと同様に、「英字入力」や「ローマ字入力」で入力が可能です。

　しかし、画面上に表示するキー数が多くなり、相対的に1つ1つのキーが小さくなるため、「誤タップ」が増える弱点もあります。

　「タブレット」などの、比較的画面の大きい端末に向いた方式です。

「QWERTY配列」、キーが小さく、スマホには少し窮屈か

・携帯入力

　画面上に「テンキー」を表示し、旧来の携帯電話と同様に各キーを連打して文字入力していきます。

　昔ながらの携帯電話の文字入力に慣れているのであれば、いちばん馴染みやすい方式と言えるでしょう。

・フリック入力

　キーをタッチした後、指先を上下左右に"払う"ことで入力する文字を選択する方式です。

　「タッチパネル」ならではの方式とも言え、打鍵数も少なく、スマートな文字入力が可能です。

　ただし、「濁音」「半濁音」「小文字」の入力などは、逆に手間が増えてしまうこともあります。

　なお、「フリック入力」は、「携帯入力」と同時に使えるのが一般的です。

「フリック入力」と「携帯入力」はセットが基本

　「日本語入力」が必須の日本では、片手で素早く日本語入力できる「フリック入力」が人気ですが、英語圏では「QWERTY配列」の人気が根強いようです。

●「ソフトウェア・キーボード」の弱点

「ソフトウェア・キーボード」は、キーボードをもたない携帯端末での文字入力に不可欠な機能ですが、次に挙げるような部分が弱点として挙げられます。

・使用時に、画面の大部分を占拠する

文字入力時には、他の情報がほとんど参照できなくなることも珍しくありません。

・打鍵感が悪い

そもそも、「ディスプレイ画面」を叩いた入力なので、打鍵感も何もありません。

・「フリック入力」での入力モードの切り替え

「フリック入力」で、「かな」と「英数字」を切り替える際に、キー配置が大きく入れ替わるため、思考の切り替えが面倒で、不便だという意見もあります。

物理的にキーボードがないという制限の下では致し方ないことですが、より快適に文字入力をするには、高度な日本語変換や予測変換など、ソフト上のサポートが不可欠でしょう。

ただ、根本的な解決としては、「外付けの小型キーボード」を一緒に持ち歩くしかないのかもしれません。

BSKBB24 (バッファロー)
「スマホ」や「タブレット」に対応する、小型の「Bluetooth対応キーボード」。

「マウス」と「タッチパッド」

●もう1つの重要な入力デバイス

　GUIのポインタ（カーソル）を操作する「マウス」は、キーボードと同じく最も重要な入力デバイスのひとつに数えられます。

　世界初の「マウス」が登場したのは1964年のことで、以後、その役割は画面上のポインタを操るという点で一貫していますが、現在までに、次のような進化を経てきました。

・「光学式マウス」の登場
・多ボタン化
・「スクロール・ホイール」の追加
・無線化
・「レーザー式マウス」の登場

　特にセンサ部分については、「ボール式」→「光学式」→「レーザー式」と進化するに伴い、着実に精度と使い勝手が向上しています。

　「無線化」については賛否両論ありますが、レスポンスを求めるなら「有線」、ケーブルを除外したければ「無線」と、棲み分けができています。

　よく、「PCの入力デバイスは数十年前から代わり映えしない」と言われますが、中身の性能に関して、「マウス」は最も大きく進化した入力デバイスと言っても過言ではありません。

●タッチパッド

　「タッチパッド」は、平板状のセンサ部分を指でなぞりポインタを操作する入力デバイスで、役割はマウスと同じです。
　「タッチパッド」が初めて登場したのは1994年発売の「PowerBookシリーズ」（アップル）からです。
　以後、多くのノートPCに標準搭載されるようになり、現在に至ります。

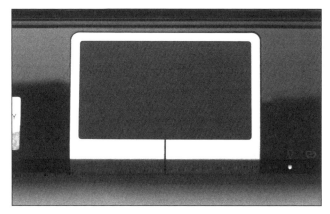

ノートPCに標準搭載される「タッチパッド」
最近は、ここに多彩な機能を付加するのが流行り。

　平らな場所を確保しなければ操作できないマウスとは違い、どのような
シーンでもノートPCの「ポインティング・デバイス」として機能するのが、
「タッチパッド」の強みです。

　ただし、繊細な操作感はマウスに一歩譲るため、マウスが使えない場面で
の次善の策として捉えているユーザーも少なくないでしょう。

＊

　また、昨今の「タッチパッド」については "機能を詰め込みすぎ" という懸
念も浮かびます。

　最近は、クリック用の「メカニカル・ボタン」も省かれ、1枚のタッチパッ
ドに「ポインティング」「クリック」「スクロール」「拡大縮小などのジェス
チャ」といった機能が割り振られることも珍しくありません。
　ここまでさまざまな機能があると、"機能の誤爆" を心配してしまいます。

　もちろん、設定で機能を絞ることもできますが、根本的な使いやすさを追
求した上で、機能を増やしてほしいと感じます。

■　「タッチパネル」の重要性と課題

●今後ますます重要になる「タッチパネル」

　スマホやタブレットを始め、一部のノートPCにも搭載されるようになった「タッチパネル」は、今後ますます重要な入力デバイスになると見て間違いないでしょう。

　現在、スマホやタブレットで用いられている「タッチパネル」は「投影型静電容量方式」と呼ばれるもので、

・高耐久性
・マルチタッチ対応

といった特徴をもちます。

　逆に弱点としては、

・低分解能
・「指」や「専用の導電体」にしか反応しない
・大画面化が困難

といった部分がありました。

　現状のスマホやタブレット向けであれば大きな問題にならないのかもしれませんが、未来に向けた新しい入力デバイスとしての可能性を拓くのであれば、超えていきたい課題と考えられています。

　これに対して、昨年、これらの課題を克服したタッチパネルがシャープから発表されています。

●タッチパネルの高感度化に成功

　「フリー・ドローイング」技術は、シャープが開発中のタッチパネル新技術です。
　これは、コンセプトタッチパネルのサイズに関係なく（5〜70型まで）、同じ操作性の統一したタッチパネルの使用感を提供できるのがメリットです。

　シャープの発表によると、タッチパネルの「並列駆動センシング」によっ

て検知速度を高めています。

　さらに従来比約8倍の「SN比」を実現することで、高精細化、大画面化に対応可能になったとのことです。

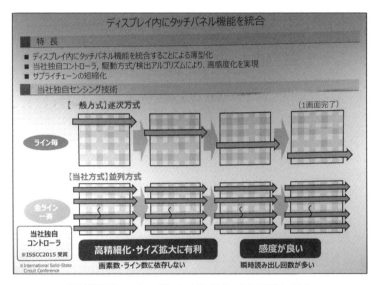

「並列駆動センシング」で、高精細化、大画面化に対応

　具体的には、1mmのペン先に反応可能で、接触面積を細かく検出できるため、筆圧を加えたドローイングが可能になります。

　また、「厚手の手袋」や「ガラス越し」でもタッチ検出が可能になり（専用手袋以外でもOKになった）、これまで以上に幅広い分野への応用が期待されます。

＊

　その他にも、「アーチ型」や「円形」といった形状に拘らない液晶タッチパネル製造技術や、液晶ディスプレイにNFCカードリーダを組み込むなど、新しいUIを提供するため新技術が発表されています。

　これらによって、さらなる利便性と新しい体験の実現が期待されます。

普通の手袋をしたまま、カーナビを操作することも可能に

■ イノベーションには "刷り込み" が重要？

ここで紹介したシャープの新技術をはじめとして、「新時代のUI」を創る土台は常に生まれ続けています。

それでも長年、入力デバイスの主役として現在の「キーボード」と「マウス」が君臨し続けているのは、便利さや効率とは違う部分のファクタが大きいのではないのか、と考えてしまいます。

これは繰り返しになりますが、"刷り込み"と"慣れ"による部分がとても大きいのではないでしょうか。

そう考えると、今の若い世代は、「キーボード」や「マウス」よりも、スマホの「タッチパネル」に愛着があると聞き及ぶので、この世代から入力デバイスのイノベーションが始まるのかもしれません。

3-2 「出力デバイス」のUI

■ 「出力デバイス」の歴史

　「コンピュータを使うということは、すなわち入出力を行なうことである」という定義は、おそらく間違いではないはずです。

　純粋な計算機として用いる場合も、プログラムを入力して、その演算結果を画面上に表示したり、紙に印刷したりするわけですから、まさに「入出力の実行」だと言えます。

＊

　「出力デバイス」の歴史をたどると、1970年代まではコンピュータの代名詞的な存在だった「紙テープ」に行き着きます。
　この「紙テープ」の利用は、コンピュータの登場よりもずっと古い、文字を電信するシステムである「テレタイプ」に遡ることができます。

　現在では、「紙テープ」はほとんど用いられることはありませんが、UNIXのシステムでコンソールを表わす「TTY」という文字列が、「テレタイプ」の略号であることは、なかなか興味深いところだと思います。

＊

　また、ほんの10年前までは、起動しても真っ黒な画面にコンソールが表示されるだけのUNIX系OSは珍しくありませんでした。

　「コンピュータを使う」ということは、すなわち「コンソールからコマンドを打ち込む」ということであり、起動時に自動で実行するよう設定したコマンドの実行結果が「GUI」（グラフィカル・ユーザー・インターフェイス）として機能しているという見方は、今でも決して古いものではないでしょう。

■　「出力デバイス」の現在と未来

いずれにせよ、現在のコンピュータは、WindowsであれMacであれ、さらにはAndroidであれ、基本的に「GUI」のOSを実装しています。

このGUI時代のコンピュータの備える「出力デバイス」が、今後どのよう変化していくのか、ザッと見てみたいと思います。

●ディスプレイ

「GUI」に必要不可欠なのが「ディスプレイ」であることは、いまさら疑うべくもありません。

かつてはグラフィック機能が非力だったために、「16色」「256色」といった発色の制限があった時代もありましたが、今やすべてのディスプレイが「フルカラー」の時代になりました。

もちろん「フルカラー」といっても、一般的な「24ビット・カラー」だけでなく、映像の加工編集用のより多階調な「30ビット・カラー」、さらには32bitの浮動小数点数表現を画素としてもつ「HDRI」(ハイ・ダイナミック・レンジ・イメージ)用のファイル形式まで、幅広いグラフィックの符号化方式が存在します。

しかしながら、現在の技術水準とコストが釣り合っているのは「24bitフルカラー」であり、また24bitの階調表現に不満を感じることは、ほとんどないのは事実だと思います。

＊

「ディスプレイ」の性能指標となるのは、主に「解像度」であり、現在の標準とされているのは、「HD解像度」です。

「HD映像」をフルスクリーン表示した際に、情報を捨てることのないフル画質で見ることができれば、「ディスプレイ」として、ひとつの標準を満たすと言えるでしょう。

すなわち、「ディスプレイ」の今後を考える上で、大いに参考になるのが、「テレビを中心とした映像規格の将来」だということができるはずです。

＊

次に挙げるのは、NHKが研究を進めている「スーパー・ハイビジョン」の

規格仕様です。

「スーパー・ハイビジョン」の仕様（映像）

画素数	7,680×4,320
アスペクト比	16:9
標準観視距離	0.75H
標準視角	100°
表色系	Rec.1361
フレームレート	120Hzプログレッシブ
ビット深度	10、12

解像度が現行の約4倍となる「8K」で、フレームレートも倍の「120Hz」となっています。

東京オリンピックの開催が決定したことも影響しているのか、NHKでは従来の予定よりも2年早めて、2018年には本放送を開始すると発表しています。

PCのディスプレイも近い将来、「8K」解像度に到達すると予想していいのではないでしょうか。

●プリンタ

「プリンタ」は、文書作成のツールとして普及が進んだ個人用コンピュータにおいて、もっとも早い時期から用いられてきた出力デバイスです。

「インクリボン・プリンタ」「レーザー・プリンタ」、そして「インクジェット・プリンタ」まで、幅広い方式のプリンタが市場に登場してきました。

*

30年あまり進化を続けてきたコンピュータ用の「プリンタ」は、速度に優れた「レーザー方式」と、階調表現に優れた「インクジェット方式」の2種類のみを考えれば足りるほど、「枯れた」テクノロジーになりました。

いま問われているのは、「ディスプレイ」と「プリンタ」という、どちらも「眼で見る」ことを目的としたデバイスが、両方必要なのかということでしょう。

*

　「電子書籍リーダ」として最も成功を収めているのは、アマゾンの「Kindle」です。

　その機種のひとつである「Oasis」は、「300ppi」(1インチあたりピクセル数、dpiとほぼ同義)の解像度をもっています。

　この解像度は、画素数にすると「1440×1080ピクセル」相当で、タブレットとしては、特に高いわけではありません。

　しかし、バックライトなしに表示すでき、かつ「300dpi」という出版業界の標準解像度をクリアしたことは、電子出版における技術的な課題を、ほぼ完全にクリアしたといっていいと思います。

「Kindle Oasis」(Amazon)
バックライトなしに、電子書籍を「300ppi」で表示できる。

　標準的なマンガ雑誌の紙質と印刷精度をしのぐ以上、物理的な実態としての紙の利点以外に、ペーパーレスを阻むものはなくなったと言えます。

　そのため、「プリンタ」の必要性を支える要素は、紙のもつ「一覧性の高さ」と、「書き込み自由度の高さ」のみになってきました。

　たとえば、机の上にA4サイズのプリントアウト用紙を置く場合、10枚程度なら並べて参照することができ、必要に応じて書き込むことも自由です。

　また、印刷された文書を手渡す、手に取る、読みながらメモをするという一連の「手」の働きは、「Kindle」にペンタブレット機能を付加したとしても、充分に代替できるものではないでしょう。

　ただ、そうした印刷物の必然性は、「ビジネス用途」が中心で、それ以外の用途であれば、USBメモリに入れたファイルを、コンビニで出力すれば足りてしまいます。

*

　また、電子書籍の圧倒的なメリットとして「検索できる」ことは無視できません。

　分からないキーワードが頻出する本を読む際に、検索できると非常に便利であると感じている人も少なくないのではないでしょうか。

●スピーカー

　そもそもインターフェイスというのは、視覚、聴覚、触覚、味覚、嗅覚の五感に収まるものです。

　しかしながら、「コンピュータの出力デバイス」として充分に実用化されているのは視覚、聴覚の2つにとどまっているのが現状です。

　将来を予見しても、味覚や嗅覚に相当するインターフェイスが実用レベルになるとは、少し考えにくいでしょう。

*

　触覚についても、視覚障害者向けの「点字ディスプレイ」といった優れたデバイスはあります。

　しかし、健常者向けのインターフェイスとして特筆すべき製品は、いまだ登場していないというのが実情です。

数十文字を圧電効果で表示できる「点字ディスプレイ」

　少し前置きが長くなりましたが、聴覚を相手にしたデバイス、すなわち「スピーカー」は、コンピュータの重要な出力デバイスであると言えます。

　ただし、電気信号を音波へと変換する装置としての「スピーカー」は、アナログ時代にすでに技術的に完成しています。
　そして、物理的な原理や形状については、この数十年、大きな変化やイノベーションはありません。

　「デジタル・オーディオ」が普及し高音質になるにつれて、「高級ヘッドフォン」や「ヘッドフォン用アンプ」、USB接続の「高級D/Aコンバータ」といった製品が市場を賑わせていますが、どちらかと言えば「ピュア・オーディオ」の領域です。
　インターフェイスとしては、「2chのステレオ音響」という領域の外に出るものではありません。

＊

　映像作品の制作と視聴に必要不可欠な要素として「音声インターフェイス」を考えるなら、次世代の展望は、やはり前述の「スーパー・ハイビジョン」の規格にヒントが見出せると言えるでしょう。

「スーパー・ハイビジョン」の音響は、下記のように定められており、CD
やDVDよりも、はるかに多くの情報量が投入されることが明らかです。

「スーパー・ハイビジョン」の仕様（音響）

音響システム	22.2ch
サンプリング周波数	48kHz、96kHz
ビット長	16、20、24
プリエンファシス	なし
チャンネル数	24
上層	9ch
中層	10ch
下層	3ch
LEF	2ch

　しかし、この音声データのビットレートはどの程度になるのかという計
算をしてみると、映像と比較して、はるかに帯域が狭く、処理負荷が軽いこ
とが分かります。

　仮に、最大ビット長の24ビット（8バイト）、最大サンプリング周波数の
96kHz、22chが非圧縮で収録されていると仮定して計算してみましょう。

22(ch)×8(バイト)×96(Hz)×1,000(キロ)
=16,896×キロ×バイト
≒17メガバイト

　「毎秒17MB」というデータ量は一見大きいように見えます。
　しかし、現時点の「フルHD」映像が、1920×1080ピクセル、60fpsの場合、
非圧縮だと毎秒「約373MB」の帯域をもつことと比較すると、まったく問題
にならないことが分かると思います。

　また、音声データは映像のように平面的な広がりをもたないので、圧縮伸
張を行なう際の演算処理も、映像に比べてはるかに軽いものになります。
　したがって、現時点で規格化されている最高音質の伝送形式を想定して

も、今のPCやタブレットがもつ処理能力で、充分に余裕をもって対応できると言えるでしょう。

＊

実際のところ、「22.2ch、96kHz、24ビット」の音声データを作って再生すること自体は、既存の音楽制作用の編集ソフトでも、充分に可能なはずです。

逆に、コンピュータ側よりも、「物理的に22台のスピーカーと2台のスーパーウーファーを配置し、これを駆動する24chぶんのアンプを用意する」というアナログ面の課題のほうが、よほどハードルが高いことになるのではないでしょうか。

■ 3Dプリンタ

前述のように、インターフェイスとは基本的に五感を対象とするものとしたとき、「3Dプリンタ」はその定義から外れる唯一のデバイスです。

＊

実際問題、「3Dプリンタ」がインターフェイスと呼ぶべきものかどうかについては、筆者は懐疑的です。

というのは、コンピュータで制御できる製造や加工の技術は、「数値制御（Numerical Control、略称NC）工作技術」と呼ばれ、モノづくりの世界で50年以上の歴史をもつテクノロジーだからです。

現在、「3Dプリンタ」と呼ばれている樹脂の積層成形装置は、明らかにこの「NC工作装置」の一種です。

そうであればインターフェイスというよりも、コンピュータで制御しうる無数の装置、自動車から冷暖房装置、各種家電といった幅広い装置の一種に過ぎないということも可能でしょう。

また、「3Dプリンタ」の問題点として、装置のサイズを超える大きさの物体を製造することは基本的にできないことが挙げられます。

「自転車のフレーム」や「家具」といった実用品を、完全なオリジナルデザインで製作できれば可能性も広がりますが、現状では工業用の大掛かりなものを除いて、造型できるサイズは「20センチ」程度という制約がある

のです。

　もし高精度な成形が可能なデバイスがあれば、食器やアクセサリなどを、印刷できるデータとして販売や受け渡しすることも可能になり、ライフスタイルが大きく変わるかもしれません。

　ただ、現時点でコンシューマ市場に出回っている「3Dプリンタ」は、積層ピッチ「0.1mm」程度が限界精度であり、鑑賞に耐えるレベルの日用品を製造するには精度不足でしょう。

個人向け「3Dプリンタ」は、積層ピッチ「0.1mm」程度が主流

　コンビニなどに大型高精度の「3Dプリンタ」が置かれていて、従量制なりで利用できるという形で社会に普及するのが、コストパフォーマンス、メンテナンス性とクオリティといった側面から見ても、いちばん有益なように思います。

3-3　「スマホ」のUI

■　「タッチパネル」という宿命

●「メリット」と「デメリット」

　「スマホ」の操作は、「音量調節」や「ホームボタン」などいくつかの「ボタン」と、「タッチパネル」で行ないます。

　とりわけ「タッチパネル」は、「スマホ」の操作性を特徴付けているインターフェイスです。

　「タッチパネル」の発明はもちろん画期的でしたが、発展途上のデバイスなので、「メリット」と「デメリット」の両方があります。

＊

　「メリット」には、入力デバイスと画面表示が一体化していて、コンパクトな端末が作れることや、目的に合わせて、非常に柔軟なUIを提供できることなどがあります。

　一方、「デメリット」も存在します。

　「タッチ操作の反応が悪い」「ユーザーが押した（と思った位置）と違うポイントが反応してしまうことが多い」「物理的スイッチのようなクリック感が無い」「画面全体がセンサなので、ミスタッチによる意図しない動作が起こりやすい」など。

　これらの「デメリット」を踏まえて、モバイルOSの設定や、アプリの選択をしていくことが大切です。

●「人間の感覚」とのズレ

　さて、「タッチパネル」のデメリットの中でも特に問題となるのは、「ユーザーが意図したタップ位置」と「端末が認識する座標のズレ」です。

　このズレにストレスを感じているユーザーは多いのではないでしょうか。

　指先は柔らかくて丸みを帯びているので、「タッチパネル」上の1点ではなく、ある程度の広さをもった面接触になります。

　一般にスマホの「タッチパネル」は「静電容量式」なので、タッチした位置

は正確に認識されるので問題ないはず。

しかし、ここで問題となるのは、「ユーザーの感覚とのズレ」です。

ユーザーが「ここをタップした！」と思っているのに、隣のボタンが反応してしまった、という操作ミスは多くの人が経験していると思います。

「スマホ」によっては、タップ位置の補正設定が可能なので、自分の感覚にある程度合わせることができます。

ところが、単純な位置補正だけでは解決できない問題があります。

それは、ユーザーが同じ位置を押そうとしても、右手と左手では、指の接触位置にズレが生じること。

このような「人間の感覚」と「物理的な接触位置」のズレは、現状ではユーザー自身が補正しながら使うしかありません。

右手と左手の相違は、常に片手で入力する場合には当てはまりませんが、両手を使って文字入力やゲームの操作などを行なう場合に、スムーズな操作を妨げます。

●将来の「スマホ」に欲しい機能

現状は、「タッチパネル」の特性にユーザー側が合わせて、「スマホ」を使っているという状況です。

将来の「スマホ」は、これを解消する必要があり、そのために必要な機能が、操作する指に合わせた「タップ位置の自動補正機能」です。

すべてのアプリに「自動補正」を適用させるのは難しいですが、「ソフトキーボード」などの文字入力操作には適用できるはずです。

*

この「補正機能」がどういうものかと言うと、ユーザーの指の種類を検知し、操作履歴からの学習機能による接触検知の補正を行ないます。

「指の種類」は、「タッチパネル」に触れた指の接触面形状と、その変化から判定します。

　そして、ユーザーの入力内容や入力間違いの訂正操作などの履歴から自動学習し、ユーザーに合わせて補正。

　さらにこれらの情報を蓄積して、たまたま起こった"タッチミス"なのか、ユーザーの継続的な"クセ"なのかを判別し、使い込むほどに補正の精度を高めていきます。

　このような機能が実装されれば、「スマホ」の文字入力は格段に快適になるはずです。

　「タッチ位置の自動補正機能」は、「フリック入力」や「ケータイ入力」（トグル入力）など、比較的ボタンサイズの大きい文字入力方式では効果が少ないかもしれません。

　しかし、「QWERTY入力」など、小さなボタンをタップする入力方式では、大きな効力を発揮するでしょう。

■　「Webページ」と「フォント・サイズ」

●「スマホ」と「ブラウザ」

　大多数のアプリは、「スマホ」での使用が前提となっているので、「フォント・サイズ」（文字サイズ）が問題になることは少ないのですが、フォントの表示が小さすぎるといった問題は、主に「Webブラウザ」で起こりがちです。

　また、「Webページ」表示のレイアウトが不適切で、見づらい場合があるといった問題もあります。

　「Webページ」の表示には、多様な要素が係わるため、表示の問題解決が難しい場合があります。

　その要素のなかでも大きなものとしては、「Chrome」「Firefox」「Opera」など多種のブラウザがあることで、それぞれのブラウザによって表示が異なるというものです。

　また、「モバイル用」の「ブラウザ」では、「モバイル表示」と「PCサイト表示」のどちらかを選べるため、さらに表示に関わる要素は複雑になります。

＊

　ここで留意すべきなのは、2種類の「モバイル表示方法」があるということ

でしょう。

---

①Webページの配信者が「モバイル用のページデータ」を用意していて、「モバイル用ブラウザ」からのアクセスに対して、「モバイル用レイアウト」のページを配信する方法。

②「PC向けのページデータ」を取得して、「スマホ」の「ブラウザ」で「モバイル表示」をする方法。

---

②の方法では、ブラウザ側の機能によって、「Webページ」のレイアウトを「スマホ」で見やすいように変更して表示します。

●「ピンチ操作」による対応

「Webページ」の表示に関わるソースが不正な場合でも、ブラウザはなるべく読みやすく表示しようと努めます。

しかし、Webページは誰もが配信できるため、ブラウザの機能だけで補正しきれない場合もあります。

*

文字が小さすぎたり大きすぎたりする場合には、「ピンチ」で拡大縮小の操作をするのが一般的です。

「ピンチ」は2本の指を画面にタッチして、指の間隔を広げたり（ピンチアウト）狭めたり（ピンチイン）する操作。

「ピンチ」で対処できる場合は問題ないのですが、「Webページ」によっては、コンテンツサイズが固定されていて、「ピンチ」が使えない場合があります。

「ブラウザ」が「モバイル用ページ」を表示する設定になっていると、「ピンチ」が使えないことが多いです。

そこで、ブラウザの設定を「PC版サイトの表示」に切り替えると、「ピンチ」操作が可能になることが多いです。

*

　「スマホ」で「PC版サイト」を表示すると、レイアウトの崩れなども起き
やすいので、3種類以上の「ブラウザ」をインストールしておくといいでしょ
う。

　特定の「ブラウザ」でレイアウトが崩れても、他の「ブラウザ」では正しく
表示できる場合があります。

　すべてのサイトに対応できる完璧なブラウザは存在しないので、現状で
は複数のブラウザを切り替えて対処するしかありません。

■　アプリで「フォント・サイズ」を変更

　端末によって異なりますが、システムで設定可能な「フォント・サイズ」は、
3〜6種類程度と限定的。

　そこで、「フォント・サイズ」用のアプリを使うと、より柔軟なフォント設
定が可能です。

　「フォント・サイズ変更」のアプリはい
くつかありますが、有名なもののひとつに
「Big Font」というアプリがあります。

　フリー版と有償版がありますが、有償版
で設定可能な範囲は「20〜1000％」となっ
ています。

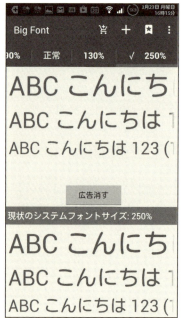

Big Font

　なお、「Big Font」は同名アプリが他にもあり、ここで紹介したアプリは、「F」が2つ並んだアイコンが目印です。

Big Fontのアイコン

■ 入力方法の見直し

　「メール」「メッセージ」「検索語」など、文字入力は「スマホ」利用の重要な機能です。
　「日本語入力」があまり快適ではないと感じる場合、入力方法を見直すべきかもしれません。

　「Android」では、設定の「言語と入力」で、使用可能なソフトキーボードの種類を確認できます。
　普段使っている入力方法は、「現在の入力方法」や「デフォルト」などの項目に表示されています。

　また、あらかじめ「スマホ」に入っている入力アプリで満足できない場合は、「Google Play」から他の入力アプリをインストールすることも可能です。

●主な入力方法

・トグル入力
　「ガラケー」(フィーチャーフォン)で標準の入力方法。
　メリットは、ボタンが大きめで、入力ミスが少ないことや入力方法を覚えやすいこと。デメリットは、ボタンのタップ回数が増えることです。

・QWERTY

　基本は、PCのキーボードと同じ配列になっています。

　PCに慣れたユーザーなら、スムーズに入力できますが、ボタンが小さめなので、タップミスが多くなりがちです。

　文字入力アプリによっては、「数字キー」の表示を消す設定が可能で、これによって英字ボタンが大きめに表示され、入力しやすくなります。

QWERTYキーボード

・フリック入力

　「フリック入力」は、「スマホ」がポピュラーなデバイスになり始めたころに、話題になった入力方法です。

　「あかさたな…」の順にボタンが並んでいて、見た目には「トグル入力」と似ています。

　ボタンに触れてから、上下左右に指を動かす動作を「フリック」と呼び、動かす方向などでそれぞれの文字を入力できます。

・ジェスチャー入力

　ジャストシステムの「ATOK」では、フリック入力の他に「ジェスチャー入力」が使えます。

　「ジェスチャー入力」は、「花びら形」のインターフェイスという独特のUIなので、最初は戸惑うと思いますが、慣れると高速に入力できます。

ジェスチャー入力

・2タッチ入力

　先述の「ATOK」では、「2タッチ入力」も使えます。

　最初のタッチでア行のボタンをタップすると、その列の文字が表示されるので、目的の文字をタップして入力します。

　たとえば、「トグル入力」で「お」を出したいときは、ボタンを5回タップする必要がありますが、「2タッチ入力」では2回のタップで「お」を入力できます。

・Godan

　「Godanキーボード」は、「Google日本語入力」で使える、ローマ字入力に特化した入力方法で、「2タッチ入力」の一種です。

　「Godan」の基本的なキー配列は、4列になっていて、まず左端に「完了」（リターン）などの操作キーがあります。

　また、2列目に「AIUEO」の母音キーを配置し、3列目に「KSTN」、4列目は「HMYRW」の子音キーとなっています。

　「母音キー」と「子音キー」を往復して、素早く「ローマ字入力」をすることが可能です。

Godanキーボード

■　「電話アプリ」で電話を便利に

　「スマホ」は通話がやりにくいという理由から、「ガラケー」を選ぶユーザーも増えているようです。

　確かに「ガラケー」は、ボタンが押しやすく、通話には便利ですが、「スマホ」にも、次のような多くの「電話関連アプリ」があります。

・g電話帳

　「g電話帳」は、「グループ作成」や豊富な「検索機能」「登録機能」をもつ、スタンダードなアプリです。

　よく使う連絡先は、ショートカットとして配置でき、電話やメールを手早く行なうことができます。

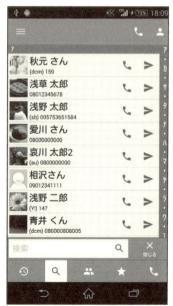

g電話帳

・Quick電話帳

シンプルなUIが特徴の話帳アプリで、「グループ管理」「一括メール送信」など、多くの機能があります。

連絡先を他人と簡単に共有できる機能なども備えています。

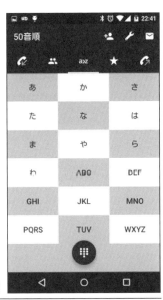

Quick電話帳

「ガラホ」という選択肢

Androidを搭載した「ガラケー」というものも出てきており、これを俗に「ガラホ」(ガラケーとスマホの合成語)と呼びます。

代表的な製品が、FREETEL社の「MUSASHI」です。

両面ディスプレイを採用しており、通話時はガラケーのように使い、閉じた状態ではスマホのようにタッチパネル操作ができます。

また、「SIMフリー」であるためドコモやauなどの主要キャリアのほか、料金の安い「格安SIM」が使えるのもメリットでしょう。

MUSASHI (FREETEL)

151

第4章

「スティックPC」という選択肢

Webブラウジングや音楽を楽しむといった、マシンスペックがそれほど必要ない用途では、「スティックPC」を使うのも最近の流れのひとつです。

本章では、「スティックPC」がどのような仕組みになっているのか、そしてどのような用途で使うと便利なのかを解説します。

4-1 「スティックPC」とは

■ PCとしての小型化を追求

　2014年末にマウスコンピュータから販売された「スティックPC」は、「ついにPCの小型化はここまできたか！」と皆を唸らせました。

　HDMI入力端子に直接接続するユニークな形態や、販売価格2万円前後という手頃な価格も相まって、大変な人気となります。

　以後、他のPCメーカーも相次いで「スティックPC」を発表し、1つのジャンルを築きつつあることは間違いないでしょう。

「m-Stickシリーズ MS-NH1」（マウスコンピュータ）
「スティックPC」の先陣を切って販売された。

■ 「スティックPC」の外観

　まずは、「スティックPC」の外観から分かる範囲の装備を見ていくことにしましょう。

電源供給用USB端子

USB端子

HDMI端子

microSDカードリーダ

「スティックPC」の外観の一例

とてもコンパクトな「スティックPC」は、その本体サイズの制約上、本体に備わる端子類も限られてきます。

*

「スティックPC」には、基本的に次のような端子類が備わっています。

・HDMI端子

　「HDMI端子」は画面を出力する端子であり、「スティックPC」の特徴と言える部分でもあります。

　これを、液晶テレビなどの「HDMI入力端子」に接続して使います。

　「HDMI入力端子」の位置の都合などによって本体を直接接続するのが困難な場合は、「HDMI延長ケーブル」の使用が推奨されています。

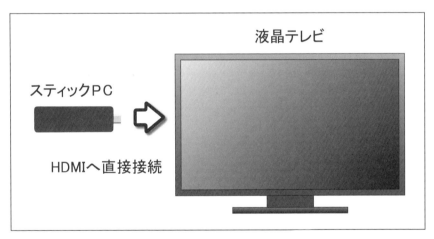

　「スティックPC」を「液晶テレビ」のHDMI入力に挿すだけで、「液晶テレビ」が「PC」に早変わり

・USB端子

　さまざまな周辺機器を接続するための「USB端子」が備わっています。

　本体サイズの都合上「1ポート」ないし「2ポート」しか備わっていないため、複数の周辺機器を使いたい場合は、「USBハブ」が必須になります。

・microSDカードリーダ

　ストレージ容量増設のための「microSDカードリーダ」が備わっています。

　本体内のストレージ容量は決して多くないため、予備のストレージとして「microSDカード」は必須と言えるでしょう。

・電源供給用「USB端子」

　多くの「スティックPC」は、電源供給に「USB端子」(microUSB端子)を採用しています。

　通常は「ACアダプタ」を用いてコンセントから電源供給を行ないますが、「スマホ用のモバイルバッテリ」をつないだ運用も無理ではないようです（もちろん規定外の使い方です）。

　この他、「冷却ファン」を備えるモデルであれば、排気用のスリット」が目立つといった具合です。

　いずれにしても、かなりシンプルな本体であることは確かです。

■　　　　　「スティックPC」の中身

　「スティックPC」は、そのサイズにして「Windows」が制限なしに動作する「フルスペックPC」機能を備えています。

　そのカラクリはどこにあるのか、「スティックPC」の中身に迫っていきましょう。

＊

　「スティックPC」の内部は、主に次のようなパーツで構成されています。

　図を見ると、基板の表裏に各種チップが実装されていますが、構成パーツは意外と少ない印象を受けます。

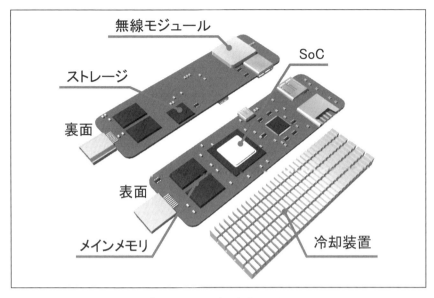

無線モジュール

SoC

ストレージ

裏面

表面

メインメモリ

冷却装置

「スティックPC」の中身の一例

・SoC

いきなりネタばらし的なことになってしまいますが、「スティックPC」がどうやって「フルスペックPC」の機能をこのサイズに詰め込めたのか、その答が、心臓部とも言える「SoC」にあります。

＊

「SoC」(System-on-a-Chip)とは、「PCシステム」の主要機能を1つのチップに収めたものです。

従来のPCは、心臓部となる「CPU」(プラスGPU)と、USBやストレージなどのI/O関連機能をまとめた「チップセット」と呼ばれるチップの、2チップ体制が基本でした。

「SoC」は「CPU」と「チップセット」の機能を「1チップ」にまとめることで、「PCシステム」の大幅な省スペース化を実現します。

そして多くの「スティックPC」で、インテルの「SoC」である「Atom Z3000シリーズ」が用いられています。

　「Atom Z3000シリーズ」はもともとタブレットなどを想定した「SoC」です。

　開発コード「Bay Trail-T」と呼ばれていたこの「SoC」は、タブレット向けの省電力省スペースチップでありながら、以前のシステムより大幅に性能アップしたとして、多くのタブレットやノートPCに採用されてきました。

　この「SoC」のおかげで「Windowsタブレット」製品が充実したと言っても過言ではありません。

＊

　なお、現在のところ「スティックPC」に搭載されている「SoC」は、シリーズの中でも下位モデルにあたる「Atom Z3735F」ばかりで、一部の最新製品を除き、各製品間でプロセッサ性能に差はない模様です。

「Atom Z3735F」のスペック

コア数	4コア
L2キャッシュ	2MB
動作クロック	1.33GHz（バースト時1.83GHz）
メモリ	最大2GB（DDR3L-1333）
グラフィック	Intel HD Graphic（311MHz〜646MHz）

・冷却装置

　いくらタブレット向けの「SoC」と言えど、PCの機能を凝縮したチップは発熱も大きいので、「冷却装置」が必要です。

　「タブレット」くらいの大きさがあれば筐体全体に熱を逃がすこともできますが、「スティックPC」のサイズになると、放熱も難しくなります。

　初期の「スティックPC」では高負荷をかけ続けると放熱が間に合わなくなり、クロックダウンなどの強制冷却処理に陥ることも珍しくなかったようです。

　主な「冷却装置」としては、「ヒートスプレッダ」「ヒートシンク」「冷却ファン」などが用いられています。

・メインメモリ

　現行の「スティックPC」のメインメモリには、「DDR3L-1333」メモリが2GB実装されています。

　「Windows」を実用的に動かすのに必要な容量と言えるでしょう。

　一般的なPCのようにメモリモジュール方式ではなく、基板にメモリチップが直付けされており（2GBの場合、4Gbitメモリチップ×4個）、増設はできません。

・ストレージ

　「スティックPC」のストレージには「eMMC」(embedded Multi Media Card)が採用されています。

　「eMMC」はフラッシュメモリを用いたストレージ形態の1つで、小規模な「SSD」と言ったところでしょうか。

　「スマホ」や「タブレット」のストレージ（いわゆる内蔵ROM）にも多く採用されています。

　性能面であまり差のない各社の「スティックPC」ですが、この「ストレージ」の容量の違いが、最も大きな差異と言えるかもしれません。

＊

　なお、「SoC」の「Atom Z3000シリーズ」は、ストレージ向けインターフェイスの基本である「SATA」をサポートせず、代わりに「eMMC」や「SDカード」インターフェイスを標準サポートしています。

・無線モジュール

　さすがの「SoC」でも「無線LAN」や「Bluetooth」などの無線通信機能は標準サポートされておらず、これらの機能は別のモジュールで実装しています。

　また「小型のアンテナ」も、小さな筐体内に押し込められています。

　「キーボード」や「マウス」「ネットワーク」などの基本機能を「有線」で運用することが難しい「スティックPC」にとって、「無線通信」は欠かせない機能です。

　以上5つのパーツが「スティックPC」の主要パーツであり、基板上で目立つものはこれだけとなります。

■　「スティックPC」の規格

　「スティックPC」で用いられている各種機能の規格について、より詳しく見ていきましょう。

●HDMI

　「HDMI」は、「映像」と「音声」をデジタルデータとして伝送するための規格です。

　「HDMI」はバージョンが細かく規定されており、バージョンが新しいほど多彩な「映像/音声」規格の伝送に対応します。

　しかし、それらの新しい規格とは、より豊富な「色情報」であったり、「3D映像規格」であったり、さまざまな「立体音響」であったりと、「スティックPC」の利用にはほとんど関係のないものばかりです。

＊

　「スティックPC」を使う上で、「液晶テレビ/モニタ」側の「HDMI」のバージョンを気にする必要はありません。

　ただ、「スティックPC」の音声出力は「HDMI」を介して行なわれるため、特に「液晶モニタ」を使う場合は「スピーカー」など「音声出力手段」が揃っているか、確認が必要です。

　「HDMI→DVI」変換といった接続方法では、音声が出ないので、気を付けましょう。

●USB

さまざまな周辺機器を接続できる「USB」は、「スティックPC」でも重要なインターフェイスです。

現在、「USB」は「USB2.0」と「USB3.0」が広く使われており、標準的な「USB2.0」、高速機器(外付けストレージなど)向けの「USB3.0」、という位置付けになっています。

＊

今日のPCで「USB3.0」をサポートしないのはあり得ないことなのですが、「スティックPC」のUSBインターフェイスは、基本的に「USB2.0」止まりになっています。

「SoC」に用いられている「Atom Z3000シリーズ」は「USB3.0」を標準サポートしているので、そのまま「USB3.0」に対応できるはずですが、なぜ「USB2.0」止まりなのでしょうか。

その理由として、1つは「発熱」の問題、そしてもう1つには、「消費電力」の問題が考えられます。

先述しましたが、サイズの「小さなスティックPC」は放熱が苦手で、熱源となる可能性はできるだけ排除したいのは道理です。

「USB3.0」対応のUSBメモリなどは、とても熱をもつという例もあります。

また「消費電力」の観点からは「USB3.0」での給電能力アップが問題視されます。

「USB」は「バスパワー」による電力供給も兼ねるため、「USBポート」1つに対し、「USB2.0」では「5V×500mA＝2.5W」の給電能力が求められていました。

これが「USB3.0」では「5V×900mA＝4.5W」と、電力量が約2倍に増えています。

現行の「スティックPC」は最大10W程度の消費電力で動作しており、その中にあってUSBポートへの給電を2倍にするのは厳しそうです。

●無線LAN

度重なる技術発展に伴い、「無線LAN」にはさまざまな規格が登場してきました。それらの規格を整理すると、大きく2つのグループに分けることができます。

・2.4GHz帯　→　802.11b/g/n
・5GHz帯　→　802.11a/n/ac

通信の性能自体は「5GHz帯」の規格が優れていますが、「5GHz帯」に対応する機器は基本的に「2.4GHz帯」も同時にカバーするのでコストが高くなる傾向にあります。

※「2.4GHz」帯のみ対応のアクセス・ポイントが、まだ多いため。

つまり、

・2.4GHz帯　…安価でどこでも確実に使えるが、性能はそれなり
・5GHz帯　……性能は高いが、コストも高い

と見ることができます。

現在、ほとんどの「スティックPC」の無線LANは、「802.11b/g/n」のみ対応となっていますが、これは使っている無線LANモジュールの関係やコストの問題が大きいのでしょう。

「iPhone」など「802.11ac」を搭載するスマホもあるので、「802.11ac」が起因の発熱問題などは特になさそうです。

＊

なお、現在のところ、インテルの「Compute Stick」の最新モデルが、「802.11ac」に対応しているようです。

ただし、最新モデルは他の「スティックPC」と比べて、各種性能が大幅に強化されている"例外的な存在"となっており、価格も50,000〜70,000円と、かなり高価な製品となっています。

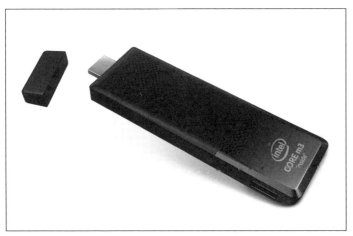

Compute Stick (インテル)

・Bluetooth

「マウス」や「キーボード」を無線で接続する「Bluetooth」は、「スティック
PC」のような「超小型PC」には欠かせないインターフェイスです。

その「Bluetooth」にも他の規格と同じく、さまざまなバージョンやオプ
ションが存在します。

ただ、スペック表記からそれらを正しく認識できている人は意外と少な
いのではないでしょうか。

「Bluetooth」で「マウス」や「キーボード」を接続する程度であればバー
ジョンやオプションについて深く考える必要もないのですが、せっかくな
ので簡単に説明しておきましょう。

＊

PCのスペック表などを見ると、「Bluetooth」の項目には「Bluetooth
○.○+△△△」といった記述が見受けられます。

「○.○」がバージョンで、「△△△」がオプションを表わしています。

「Bluetooth」の新しいバージョンは、基本的にそれまでのバージョンの機
能を内包しています。

　ただ、バージョン「4.0」以降大きく仕様が変わっており、「ホスト側」(PC側)のバージョンが「4.0」以上なのは問題ありませんが※、周辺機器側がバージョン「4.0」以上の場合、バージョン「4.0」未満のホストには接続できない可能性が高いので注意が必要です。

　　※旧バージョンの互換機能も搭載するので、古い周辺機器も使える。

　そして「Bluetooth」のオプションは、バージョンとは独立して明記される機能です。

　代表的なオプションとして、次が挙げられます。

・EDR (Enhanced Data Rate)
　通信速度3Mbpsの高速通信モード (バージョン2.0以降)。

・HS (High Speed)
　通信速度24Mbpsの超高速通信モード (バージョン3.0以降)。

・LE (Low Energy)
　大幅に消費電力を抑えたモード (バージョン4.0以降)。

　これらのモードがスペック表に明記されていない場合は、たとえ新しいバージョンであっても、そのオプションが使えるかどうかは不明です。
　たとえば、「Bluetooth 4.0+LE」としか記載されていない場合は、「EDR」「HS」といったオプションが使えるかは分からないのです。

　各社の「スティックPC」でも「Bluetooth」のスペックは微妙に異なる部分があるので、もしとあるオプションが絶対必要だというのであれば、要確認になるでしょう。

■ 「超小型PC」との比較

さて、「スティックPC」の機能は、いわゆる「ミニPC」などの「超小型PC」と似通っているため、どちらを選ぶか迷うこともあると思います。

ミニPC 「DN2820FYKH」（インテル）

しかし、両者には、「使い勝手」や「拡張性」など、多くの異なる特徴があり、「小さなPCに何を求めるか」によって、選ぶべきPCの種類は変わってきます。

＊

「ミニPC」とは、およそ「4×4インチ」程度の小さなマザーボードを搭載したPCのカテゴリです。

そして、「スティックPC」との大きな違いは、「ミニPC」の仕様が「デスクトップPC」だということにあるでしょう。

一般に「ミニPC」は、完成品ではなく、「ベアボーンキット」（未完成の組み立てキット）として販売されています。

したがって、ユーザー自身が必要な容量の「メモリ」や「ストレージ」を別

途購入して取り付ける必要があります。

また、「OS」もユーザーがインストールする必要があります。

●設置

「ミニPC」の設置は、「モニタへの接続」「キーボードやマウスなどの準備」など、「デスクトップPC」と何ら変わりません。

本体のサイズはとても小さいですが、設置作業やケーブル類の接続の手間などを考えると、「ミニPC」はモバイル運用には向いていません。

●メリット

「ミニPC」と比較すると、「スティックPC」のメリットが見えてきます（ただし、移動先にテレビやモニタが必要という条件はあります）。

・設置が簡単。
・OSがセットアップずみなので、買ってきてすぐに使い始められる。
・取り外しも簡単なので、持ち運んで異なる場所で使うような運用も可能。

処理性能や拡張性では、明らかに「ミニPC」のほうが上位です。
使用場所がほぼ固定されていて、多くの周辺機器なども使い、さまざまなアプリケーションを快適に使いたい場合には、「ミニPC」を選ぶべきでしょう。

●コスト

では、「導入コスト面」ではどうでしょうか。

「スティックPC」の性能や仕様はほぼ横並びで似たような製品が多く、価格は2万円前後に集中しています。

一方、ベアボーンの「ミニPC」は、製品によって性能に大きな差があり、人気機種の価格帯は、1万5千円〜5万円程度です。

追加でメモリとストレージが必要なので、その購入費用もかかります。

最小限の構成を考えてみると、たとえば、HDD40GB、メモリ2GBという構成なら、「ミニPC」を2万円程度で組めます。

「ミニPC」のOSは、Windowsをインストールするユーザーが多いと思いますが、無償のLinuxディストリビューションを使えば、「スティックPC」と同程度の費用で「ミニPC」を導入できます。

4-2 「スティックPC」の使い方

■ メーカーの推奨する用途は？

「スティックPC」は、通常の「PC」とは少し違った構造になっているのが分かったと思いますが、どのような使い方が適しているのでしょうか。

まず、各社が掲げる「スティックPC」の謳い文句から、用途を箇条書きにしてみます。

・PCモニタにつなげて省スペース、省電力のデスクトップPCに。
・TVにつなげてメールから動画観賞、ネットショッピングまでWeb活用。
・ポケットに入れて携帯し、外出先のプレゼンに。
・「デジタル・サイネージ」（広告用ディスプレイ）。

……おおむね、このようなところで一致しています。

ついつい誤解しがちなのですが、「HDMI端子」に挿すだけでは電源が取れないので、実際にはマイクロUSB形状の電源端子に「給電用ケーブル」を接続しなくてはなりません。

上に挙げた用途は、どれも非常に納得のいくもので、これまで「超小型デスクトップPC」が担ってきた役割を、完全に代替することができます。

■　もっと面白い用途は？

　「スティックPC」の特長として、大きさだけではなく、その「低消費電力性能」も挙げられます。

　インテル「Atomプロセッサ」を搭載することで、最大でも「10W強」、通常時で「4W以下」で動作することができるのは、これまでのPCの常識をはるかに超えた省エネ性能です。

　また、超低消費電力であることに加え、「無線LAN」と「Bluetooth」が使えることを踏まえれば、ちょっと変わった使い方がありそうです。

●ディスプレイなしで「音楽再生機」として

　映像出力を使わず、操作はすべて「リモートデスクトップ」などを経由した遠隔操作で行なうことにすれば、Bluetooth対応のスピーカーやヘッドフォンを利用した「音楽再生機」を、簡単に構成することが可能です。

　たとえば、「防水仕様のスピーカー」と組み合わせれば、お風呂で音楽をといった用途にも手軽に対応できそうです。

「SRS-X1/B」（ソニー）
Bluetooth対応スピーカーで、お風呂で使える防水仕様。

●「データロガー」として

24時間起動し続けたいタイプの記録装置についても、「USB2.0」ポートの周辺機器でこと足りるのであれば、高度な省エネ化が可能でしょう。

高齢ペットのモニタ用システムなど、出先から自宅の様子を確認するニーズも増えています。

そうした24時間起動させておく「データロガー」や「データモニタ」のシステム構築にも、「スティックPC」は適しています。

USB接続のWebカメラで、手軽に「ライブカメラ・システム」を構築

●災害時の「バックアップPC」として

持ち運びできるPC環境として、現在最も一般的なのは「ノートPC」です。

しかし、災害時の避難所などでは電源の確保も難しく、また緊急時に持ち出せる物の分量は、ポケットに入る財布や貴重品ぐらいであることを考えると、「スティックPC」はバックアップPCの良い候補になるでしょう。

データ自体は「クラウド・サービス」などを利用して、耐障害性を高めていても、そこへアクセスするためのブラウザ設定やクライアントソフト設

定などは、Webへのアクセスを回復したからといって、すぐに復元できるものではありません。

　すべてのサービスへのアクセスと、最低限のデータを保存してある「超小型PC環境」があれば、いざというときに頼もしい味方になりそうです。

●「モバイル液晶ディスプレイ」との組み合わせ

　タブレットデバイスの普及にともなってか、HD解像度の「モバイル液晶ディスプレイ」も増えてきました。

13.3インチ、「34.5×1×22.6cm」の大きさのHD液晶ディスプレイ

　こうした小型のディスプレイなら、消費電力も「10W」程度です。

　「スティックPC」との組み合わせで、「デジタル・フォトフレーム」として普段は利用しておいて、必要に応じて「サブ機」として活用するのもアリでしょう。

■　コンピューティングの未来が見えてきた？

「スティックPC」の用途を考えるのは、意外に難しいものです。

かつての「デスクトップPC」の機能と性能が、手のひらに収まる、それ自体はたしかにすごいことだと思います。

しかしながら、「スティックPCでなくてはできないこと」は、ほとんどないのです。

「PC」として使う以上は「ディスプレイ」とセットになっていてほしいというのが、一般の人の常識でしょう。

たとえ「ディスプレイなしのサーバ」として使うとしても、「無線LAN」に頼るのでは帯域が不足気味です。

だからといって、USB接続の「有線LAN」を追加してしまうと、今度は「スティックPC」を選んだ理由がよくわからなくなってきます。

＊

「スティックPC」の利点は、形状よりも、その省電力性にある、と見るのが正しいのかもしれません。

通常時で、消費電力「5W以下」のコンピュータ上で、普通にWindowsが動くのですから、有益な使い道はいくらでもあるはずです。

そう考えてみると、筆者がいま使っているノートパソコンの最大消費電力が「最大65W」なのですが、記事中で取り上げた「モバイル・ディスプレイ」と「スティックPC」の組み合わせで、記事の作成に必要な機能は充分にあると言えます。

案外、「スティックPC」は、用途に適合したオーバースペックでない低消費電力PCを、適材適所に使っていく "コンピューティングの未来" を示唆してくれているのかもしれません。

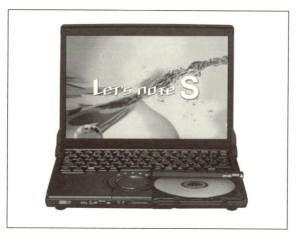

目的によっては、「ノートPC」よりも便利に使える

4-3 ｜ 「スティックPC」の派生品

■ Chromecast

　グーグルの「Chromecast」（クロームキャスト）は、ネットの動画、音楽、写真などをテレビに表示するための端末です。

Chromecast（グーグル）

「スティックPC」ではなく、「デジタルメディア・レシーバー」という位置づけになり、単体では使えません。

「スマホ」または「PC」と「Chromecast」をWi-Fiで接続し、「Google Castアプリ」を使って操作します。

また、「Hulu」や「Netflix」といった、動画配信サイトとの親和性が高いのも、特徴のひとつだと言えそうです。

動画配信サイトを便利に利用できる

Androidスティック

スマホなどの端末のサポートが不要で、単体で動作する「Androidスティック」もあります。

このような製品は、手軽に「Android」の機能をテレビの大画面で利用できます。

動画視聴だけでなく、テレビでWebブラウザを使ったり、「GooglePlay」のアプリをインストールしたりできます。

Androidスティック「Quad
Core Mini PC MK802 IV」
(Rikomagic)

索　引

[執筆]

arutanga
nekosan
勝田有一朗
瀧本往人
某吉
清水美樹
本間一
ドレドレ怪人

質問に関して

本書の内容に関するご質問は、

① 返信用の切手を同封した手紙
② 往復はがき
③ FAX(03)5269-6031
　(ご自宅の FAX 番号を明記してください)
④ E-mail　editors@kohgakusha.co.jp

のいずれかで、工学社編集部宛にお願いします。電話に
よるお問い合わせはご遠慮ください。

● サポートページは下記にあります。
【工学社サイト】http://www.kohgakusha.co.jp/

I/O BOOKS

「スマホ」時代のコンピュータ活用術

平成 28 年 7 月 20 日　初版発行　ⓒ 2016

編　集　I/O 編集部
発行人　星　正明
発行所　株式会社工学社
　　　　〒 160-0004
　　　　東京都新宿区四谷 4-28-20 2F
電　話　(03)5269-2041(代) [営業]
　　　　(03)5269-6041(代) [編集]
振替口座　00150-6-22510

※定価はカバーに表示してあります。

[印刷] 図書印刷 (株)　　　　　　　　　　ISBN978-4-7775-1960-6